汉竹编著・亲亲乐读系列

好吃好看的
宝宝辅食营养餐

闫玲玲 主编

江苏凤凰科学技术出版社 · 南京

图书在版编目（CIP）数据

好吃好看的宝宝辅食营养餐 / 闫玲玲主编 . — 南京 : 江苏凤凰科学技术出版社 , 2023.07

ISBN 978-7-5713-3547-2

Ⅰ . ①好… Ⅱ . ①闫… Ⅲ . ①婴幼儿 – 保健 – 食谱Ⅳ . ① TS972.162

中国国家版本馆 CIP 数据核字 (2023) 第 078957 号

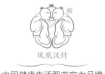

中国健康生活图书实力品牌

好吃好看的宝宝辅食营养餐

主　　　　编	闫玲玲
编　　　著	汉　竹
责 任 编 辑	刘玉锋　黄翠香
特 邀 编 辑	李佳昕　张　欢
责 任 校 对	仲　敏
责 任 监 制	曹叶平　刘文洋
出 版 发 行	江苏凤凰科学技术出版社
出 版 社 地 址	南京市湖南路 1 号 A 楼，邮编：210009
出 版 社 网 址	http://www.pspress.cn
印　　　刷	南京新世纪联盟印务有限公司
开　　　本	720 mm × 868 mm　1/12
印　　　张	13
字　　　数	260 000
版　　　次	2023 年 7 月第 1 版
印　　　次	2023 年 7 月第 1 次印刷
标 准 书 号	ISBN 978-7-5713-3547-2
定　　　价	39.80 元

导读

　　0~3 岁是宝宝成长的关键期，在宝宝成长的过程中，给宝宝吃什么、怎么吃，是妈妈们特别关注的问题。由母乳喂养过渡到幼儿膳食这个阶段，稍不注意，宝宝就会出现腹泻、偏食、挑食、营养不良等问题。为了让宝宝健康成长，中国注册营养师闫玲玲，结合自己多年的工作经验，针对不同月龄的宝宝，给出了专业的喂养指导。例如，应该怎么吃、吃什么、每天吃几次、每次吃多少，等等。对妈妈在给宝宝添加辅食的过程中出现的一系列伤脑筋的问题进行了详细的解答，让妈妈喂养得更轻松，宝宝成长得更顺利。

　　除了日常的辅食外，书中还针对一些宝宝常见病，比如，感冒、发热、腹泻、过敏等，给出了相应的饮食建议，并针对如何让宝宝长得更高、身体更壮、眼睛更明亮等问题，提供了日常保健辅食。

　　书中不光有辅食，还有每个月宝宝的发育测评表和作息时间表，让妈妈准确掌握宝宝的身心发育，按照标准调整宝宝的饮食和育儿方法，确保宝宝健康成长。

　　总之，书中的一切都是为了让妈妈们把握住宝宝 0~3 岁这一成长的关键期，从零开始扩展宝宝的味觉。用科学的方法、营养的食材，制作出"妈妈牌"百变辅食，给宝宝不间断的爱，让宝宝不挑食、不生病、吃得好、长得高、身体棒！

第一章
关于宝宝添加辅食的知识

第二章
百变辅食，宝宝吃得好、长得高

9 个月

10 个月

11 个月宝宝发育测评表 78
11 个月宝宝作息时间表 79

11 个月

12 个月宝宝发育测评表 86
12 个月宝宝作息时间表 87

12 个月

1~1.5 岁宝宝发育测评表 96
1~1.5 岁宝宝作息时间表 97

1~1.5 岁

第三章
这样吃，宝宝不生病、更聪明

第一章

关于宝宝添加辅食的知识

什么时候开始吃辅食？应该吃什么辅食？辅食应该怎么添加？怎样做辅食？……关于宝宝辅食，妈妈有太多疑问等待解答。不要急，这一章我们先提前了解一下辅食知识。

正确添加辅食

第一口辅食从什么时候开始

世界卫生组织最新的婴儿喂养报告提倡：0~6 个月纯母乳喂养，6 个月以后在继续母乳喂养的基础上添加辅食。对于健康足月出生的宝宝，添加辅食的最佳时间为满 6 月龄（出生 180 天后）。

婴儿满 6 月龄时，胃肠道等消化器官已相对发育完善，可消化母乳以外的多样化食物。同时，婴儿的口腔运动功能，味觉、嗅觉、触觉等感知觉，以及心理、认知和行为能力也已准备好接受新的食物；此时开始添加辅食，不仅能满足婴儿的营养需求，也能满足其心理需求，并促进感知觉、心理及认知和行为能力的发展。

当然，建议满 6 个月添加辅食，并不意味着所有的宝宝都按照这个标准，在宝宝满 4 个月之后，对于少数因妈妈母乳不足引起宝宝生长发育迟缓等特殊情况，在咨询医生后可以开始尝试添加辅食。但总的来说，辅食添加不能早于 4 月龄，也不能晚于 8 月龄。

添加辅食的信号

大人吃饭时，宝宝会专注地盯着看，口水直流，还直咂嘴，偶尔还会伸手去抓大人吃的菜。

陪宝宝玩的时候，宝宝会时不时把玩具放到嘴里，口水把玩具弄得湿湿的。

宝宝可以在大人的扶持下，保持坐姿。甚至有些宝宝闻到食物香味就会把脖子稍微地往前伸，发出想吃的信号。

用小勺子喂宝宝食物时，宝宝的舌头不再将食物顶出来。

宝宝的体重比出生时增加 1 倍或者增重达到 6 千克以上。

宝宝开始长牙齿了。

宝宝的第一口辅食——含铁米粉

第一次给宝宝添加辅食要吃什么呢？很多爸爸妈妈都不知道该如何选择。专家建议，首次添加辅食最好选择含铁米粉。

含铁米粉是专门为婴儿设计的营养辅食，富含碳水化合物，与同样富含碳水化合物的麦粉相比，更不易引起婴儿过敏，适合作为宝宝的第一口辅食。

含铁米粉中所含有的营养素是这个年龄段宝宝发育所必需的，还能帮助宝宝预防和改善缺铁性贫血，而且含铁米粉的味道接近母乳和配方奶，更容易被宝宝接受。

宝宝辅食添加的顺序

在对食物的选择和加工上，可参考宝宝辅食性状添加顺序表。具体的要根据宝宝的发育情况来决定。

6~8个月：半流质、泥糊状食物，如米糊、菜泥、果泥、蛋黄泥、鱼泥、肉泥、稀粥等。9~12个月：软固体、颗粒状食物，如稠粥、菜碎、烂面条。

添加辅食不要过快，一种辅食添加后要适应3天左右，再添加另一种辅食。注意不要在同一时间内添加多种辅食。在炎热的夏天，宝宝消化功能较弱，最好少加新的辅食品种。

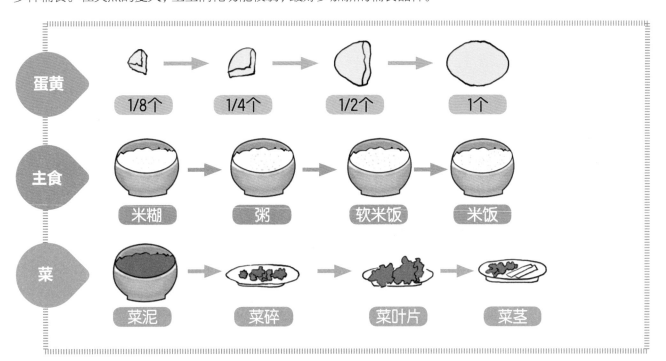

添加辅食时，每个阶段宝宝练习的重点

6~8 个月，练习使用舌头压碎吞咽，食物以细泥为佳。

9~11 个月，练习使用牙齿和牙龈轻度咀嚼，食物以粗泥为佳，可以添加软固体食物。

1~1.5 岁，练习使用牙齿用力咀嚼，食物从半固体过渡到固体。

从一种辅食加起，3 天后再加另一种

刚开始添加辅食时，只能给宝宝吃一种与月龄相宜的食物。尝试 3 天后，如果宝宝的消化情况良好，再尝试另一种。一旦宝宝出现异常反应，应立即停喂辅食，并在 3~7 天后再尝试喂这种食物。如果同样的问题再次出现，就应考虑宝宝是否对此食物不耐受，需停止喂这种食物至少 3 个月。如果多种新食物同时添加，宝宝出现不适后很难发现原因。因此，辅食要一种一种地慢慢增加。

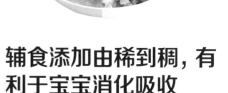

辅食添加由稀到稠，有利于宝宝消化吸收

宝宝在开始添加辅食时，大多都还没有长出牙齿，因此爸爸妈妈只能给宝宝喂流质食物，逐渐再添加半流质食物，最后发展到固体食物。如果一开始就添加半固体或固体的食物，宝宝肯定会难以消化，导致腹泻。辅食添加应该根据宝宝消化道的发育情况及牙齿的生长情况逐渐过渡，即从米糊过渡到菜泥、果泥、肉泥，然后再过渡成软饭、菜碎、水果碎和肉粒。这样，宝宝才能更好地吸收，避免发生消化不良。

宝宝爱咬东西，可能是宝宝要出牙了！

辅食从细小到粗大，逐步锻炼宝宝吞咽能力

添加辅食时，宝宝的食物要颗粒细小、口感嫩滑，因此米糊、菜泥、果泥、蒸蛋羹、鸡肉泥、猪肝泥等泥糊状食物是更合适的。这不仅锻炼了宝宝的吞咽功能，为以后逐步过渡到固体食物打下基础，还让宝宝熟悉了各种食物的天然味道，养成不挑食、不偏食的好习惯。

而且，蔬菜、水果、肉泥中含有膳食纤维，如木质素、果胶等，能促进肠道蠕动，促进消化。另外，在宝宝快要长牙或正在长牙时，父母可把食物的颗粒逐渐做得粗大，这样有利于促进宝宝牙齿的生长，并锻炼宝宝的咀嚼能力。

食材添加有固定顺序吗

在遵循辅食添加基本原则的基础上，辅食添加有什么特定顺序吗？按照传统观念，辅食添加的顺序是米粉类的谷物食物（如含铁米粉）、蔬菜泥、水果泥、动物性食物等，因为米粉是不容易引起过敏的食物，而且易于消化吸收。

其实，辅食添加并没有特定的顺序，宝宝的第一口辅食建议是引入富含铁的食材，比如强化铁的米粉、肉泥、鱼泥、肝泥等。

过敏宝宝辅食添加大不同

在遵循食物添加顺序的基础上，制作容易导致过敏的食物时，要保证食材的新鲜，并确保食材熟透。一旦发现有过敏症状，立刻停止喂这种食物。容易引起过敏的食物有鱼、虾、大豆等，妈妈在添加这些食材时，要多观察宝宝的状况。

宝宝每天、每顿应该吃多少辅食

妈妈总是会问这样的问题，宝宝每天能吃多少辅食？每次吃多少最合适？妈妈一边怕宝宝吃多了，一边又怕他吃不饱。

一般来说，在宝宝 1 岁以前，每天吃 2 次辅食比较合理。宝宝每次接受辅食的量并不固定，一般会有 20% 的差异，最高的时候可以达到 40%。此外妈妈更应该关心宝宝每天吃得好不好，只要宝宝能够慢慢接受母乳、配方奶之外的食物，健康成长，添加辅食的目的就达到了。

宝宝辅食吃什么、怎么吃

妈妈们别盲目崇拜蛋黄

妈妈们习惯将蛋黄作为宝宝的第一道辅食,其实这并不适合。过早添加蛋黄容易导致宝宝消化不良。建议在宝宝满 7 个月后开始添加蛋黄,从 1/8 个蛋黄开始添加,然后逐渐过渡到 1/4 个、1/2 个到 1 个。最好用蛋黄搭配富含碳水化合物的米粉、粥、烂面条等食物给宝宝食用,这样更有利于营养素的吸收。

宝宝什么时候可以吃全蛋

鸡蛋中的蛋清含有抗生物素蛋白,在肠道中可以直接与生物素结合,从而阻止生物素的吸收,导致宝宝患生物素缺乏症及消化不良、腹泻、皮疹。有些 8 个月以内的宝宝还可能会对卵清蛋白过敏,应避免食用蛋清。因此,建议宝宝满 1 岁时再开始吃全蛋。

盐、糖,1 岁内的宝宝尽量别碰

有些妈妈在给宝宝做辅食时,习惯加点盐、糖,以为这样宝宝会更爱吃。

1 岁内宝宝的辅食不应加盐、糖等调味料,宜进食母乳、配方奶和泥糊状且味道清淡的食物,最好是原汁原味的。否则,易养成宝宝喜咸、喜甜的饮食习惯,导致宝宝偏食、挑食。

盐

糖

辅食并不是越碎越好

够碎、够烂——这是大多数妈妈在给宝宝添加辅食时遵循的准则，因为在她们看来，只有这样才能保证宝宝不被食物卡到，吸收更好。可事实上，宝宝的辅食不宜过分精细，且要随年龄增长而变化，以促进他们咀嚼能力和颌面的发育。所以宝宝的辅食不需要一直都过分精细和软烂。

米粉能用配方奶冲调吗

米粉冲调是用水还是用奶，取决于米粉的类型，普通米粉可用配方奶或母乳冲泡，而含高蛋白质的配方奶米粉，可以直接用水冲泡。

大部分的婴儿米粉中都添加了一些营养素，用开水冲米粉容易破坏这些营养素。正确的方法是使用温开水冲调米粉，冲完后向一个方向搅拌，如果有结块颗粒，要用勺子压碎。

不要随意添加营养品

市场上为宝宝提供的各种营养品很多，补锌、补钙、补氨基酸等，令人眼花缭乱，使许多爸爸妈妈无所适从。究竟要不要给宝宝吃营养品和补剂，要因人而异。

如果宝宝身体发育情况正常，就没必要补充。营养品和补剂的营养成分并非对人体的各方面都有效，其中的一些成分在食物里就有，可以通过食物来补充。

盲目进食营养品对宝宝的身体是无益的。实际上，获得营养的推荐途径是吃健康天然的食物。

别给宝宝尝成人食物

宝宝的味蕾比成人敏感很多，即使不添加任何调味料，他们都能细分出各种食物的天然味道。因此，不要给1岁内的宝宝品尝任何成人的食物。

母乳和配方奶的味道比较淡，因此辅食的味道也要清淡，这样宝宝才容易接受辅食。一旦给宝宝尝了成人的食物，哪怕只是一小口，都会刺激宝宝的味觉。如果他喜欢上成人食物的味道，那么就会很难再接受辅食的味道，容易出现喂养困难。

营养辅食轻松做

制作宝宝辅食的卫生要求

给宝宝制作辅食时一定要注意卫生。要选易清洗、易消毒、形状简单、颜色较浅、容易发现污垢的用具和餐具。塑料制品要选无毒、开水烫后不变形的。玻璃制品要选钢化玻璃等不易碎的安全用品。注意给宝宝做辅食的用具一定要用不锈钢的，不能用铁、铝制品，因为宝宝的肾脏发育还不完善，器具选材不当会增加肾脏负担。

食材以新鲜为主

水果宜选择橘子、橙子、苹果、香蕉、木瓜等果皮较容易处理、农药污染及病原感染机会少的。

蛋、鱼、肉、肝等要煮熟，以避免发生感染及引起宝宝的过敏反应。

蔬菜类像番茄、胡萝卜、菠菜、空心菜、西蓝花、小白菜，都是不错的选择。

定期消毒勤打扫

厨房要保持清洁。灶台、洗碗池、抹布应及时清洗，定期消毒。及时清倒垃圾，以防招苍蝇或滋生细菌。放碗筷的橱柜要有门或纱帘，防止碗筷受污染。要将制作辅食的食材完全洗净，尤其是一些被农药污染过的水果和蔬菜，最好用盐水浸泡几分钟。

对厨房进行消毒时，可选用医用消毒液。

怎么给辅食工具消毒

煮沸消毒法： 这种消毒法妈妈们用得最为普遍，就是把宝宝的辅食工具洗干净之后，放到沸水中煮 2~5 分钟。如果有些工具不是陶瓷或玻璃制品，煮的时间不宜过长。汤锅、蒸锅、榨汁器等辅食工具不能煮，要用沸水烫一下再用。

蒸汽消毒法： 把工具洗干净之后放到蒸锅中，蒸 5~10 分钟。这种方法很适合玻璃材质的工具。

日晒消毒法： 木质的研磨棒、菜板等不宜长时间煮、蒸，最好用开水烫一下，用厨房纸吸干水分后晒一晒，比较安全，且不会降低这些工具的使用寿命。

传统辅食工具有哪些

研磨器：将食物磨成泥，是辅食添加前期的必备工具。使用前需将研磨器用开水浸泡一下消毒。

辅食碗：一般为吸盘碗，能牢固吸附在桌子上，防止宝宝把碗弄到地上。但要注意，吸盘碗直接进微波炉中可能导致变形，影响吸附功能。选购的时候，最好选择底平、平稳而不容易洒的辅食碗。

辅食勺：不锈钢、搪瓷勺导热快，会烫到宝宝。而且，坚硬的触感会让宝宝不舒服，会遭到宝宝抗拒。因此，宝宝用的勺子要软一些，导热慢一些。常用的辅食勺多为食品级PP（聚丙烯）材质。这种材质在正常使用的情况下，不会释放出有害物质，很适合宝宝。

辅食剪：主要分为两种，一种是常用的辅食剪，造型小巧、可爱，携带方便。另一种是在药店出售的医用不锈钢纱布剪或手术剪，不锈钢品质等级高，可以整个放在沸水中消毒。

保鲜盒：首选玻璃保鲜盒，可以密封，放入冰箱冷冻，具有耐高温、易清洗的特点。塑料保鲜盒不适合加热，可以用于外出时携带少量水果，比较轻便。

料理机：一款具备搅拌、榨汁、磨碎等多功能的料理机，在宝宝度过辅食期后，还适合全家使用。

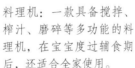

小汤锅：烫熟食物或煮汤用，也可以用普通汤锅，但小汤锅省时节能，是妈妈的好帮手。

蒸锅：蒸熟或蒸软食物用，蒸出来的食物口味鲜嫩、熟烂、容易消化、含油脂少，能在很大程度上保留营养。

挤橙器：适合自制鲜榨橙汁，使用方便，容易清洗。

菜板：虽然菜板是家中常用到的工具，但是最好给宝宝买一套专用的，要经常清洗、消毒。

刀具：要将切生食物、熟食物的两种刀具分开放置，避免污染。每次做辅食前后都要将刀具洗净、擦干。

削皮器：居家必备的小巧工具，便宜又好用。给宝宝专门准备一个，与平时家用的区分开，以保证卫生。

刨丝器、擦板：刨丝器是做丝、泥类食物必备的用具。由于食物细碎的残渣很容易藏在细缝里，每次使用后都要清洗干净、晾干。

传统家当、辅食机、料理机哪个更给力

传统家当的好处是不用另外购置工具，菜板、刀具、锅碗瓢盆都能用，省钱；不过因为宝宝的辅食一般要切小剁烂，所以用传统家当就会比较费时费力。

辅食机集蒸煮、搅拌为一体，操作起来非常方便，而且用辅食机制作出来的泥都很细腻，非常适合刚添加辅食的宝宝。辅食机是妈妈制作辅食的"利器"，省时又省力。不过置备这个利器要破费一笔，而且等宝宝长大一些过渡到能够吃颗粒状固体食物时，就不需要了，因此，利用率比较低。

料理机基本的功能是搅拌和磨碎，它没有蒸煮的功能，比起辅食机，它的功能稍微弱一些，而且有些机型清洗时比较费时。

新手妈妈必学的制作手法

挤压:

蔬菜汁、水果汁可以用清洁纱布挤汁，或放在小碗里用小勺压出汁，也可用榨汁机榨汁。

捣碎:

青菜叶和水果煮后，都要先捣碎，再放入过滤网中进行过滤，制作成青菜汁或者水果汁。

研磨:

将煮熟的豆类、南瓜、薯类及无刺的鱼肉等放在研磨器中研磨。

擦丝:

擦板可以很好地把食物原料处理碎，像胡萝卜、土豆等，就可以直接用擦板擦成细丝，再做成糊状的食物。

切断:

不同材料切断的方法不尽相同，由碎末、薄片到小丁，要根据宝宝实际发育情况来处理。

如何保存婴儿食品

如果自己制作辅食，可成批地制作蔬菜泥和肉泥并冰冻起来。用水果、菜、肉分别煮烂、捣碎、过滤出大颗粒后制成的。将制作好的辅食凉凉后，放在用热水消过毒的玻璃保鲜盒中。密封后，将保鲜盒放在冰箱冷冻层中，并标上辅食的名称及制作日期。

给宝宝制作的汤汁可以凉凉后装进冰箱冷冻盒中进行保存，但不要放太长时间。

不同食物的冷冻时间

一般来说，水果类的辅食在凉凉的过程中就很容易氧化，不建议冷冻保存。蔬菜类的辅食可以冷冻保存 3~5 天，谷类、肉类辅食可以冷冻保存 5~7 天。考虑到宝宝的食量和营养，每次做 2 天的量，放入冰箱冷藏 1 天后加热食用比较合适。

解冻辅食的方法

冷冻辅食帮助我们节省很多时间和精力，正确解冻才能既方便又保证营养。

自然解冻：自然解冻是保证营养最少流失的解冻方式，但它费时，且容易滋生细菌。

微波炉解冻：微波炉解冻是一种比较快捷的解冻方式，但要注意受热不均匀的情况，中间要拿出来搅拌一下。

开水解冻：开水解冻是一种比较安全的解冻方式，将辅食放入导热好的容器中，隔水用热水加热。

添加辅食中的常见问题

辅食"做"还是"买"

自己做的辅食由于了解制作的全过程，食品安全是放心的，而科学的辅食喂养方法妈妈们可以通过专业的育儿书籍和网络科普知识获得。有些辅食的制作还比较简单，宝宝吃妈妈自己做的果泥、蔬菜泥、米糊，不仅食材天然，而且新鲜，更是无"添加物"。

市售辅食最大的优点就是方便，无须费时制作，但是产品质量良莠不齐，购买的时候一定要谨慎，要仔细看商品包装上的标志是否齐全，确保在保质期内。如果产品中包含以下几种添加剂，那么一定不要购买，比如人工甜味剂（如糖精钠、三氯蔗糖、安赛蜜、阿斯巴甜、山梨糖醇、麦芽糖醇等）、防腐剂（如苯甲酸钠、山梨酸钾）等。

怎样判断宝宝是否适应辅食

首先，要细心观察，可以看看宝宝大便的情况：如果便次和性状都没有特殊的变化，就是适应的。还可以观察宝宝的精神状况：有没有呕吐以及对食物是否依然有兴趣。如果这些情况都是好的，说明宝宝对辅食是适应的。

其次，要观察宝宝的进食量，如果宝宝吃不完，下次就要减少奶量和辅食量。如果宝宝每次都能将为他准备的奶或辅食顺利吃完，就可以逐渐给宝宝增加奶量或辅食量。辅食的进食量只是判断宝宝是否适应的依据之一。

如果宝宝对辅食的性状、口味不适应，妈妈要耐心地鼓励宝宝去尝试。有的宝宝其实不是对辅食的口味不适应，而是对进食的方式不适应，因为要由原来的吸吮改为由舌尖向下吞咽，学习咀嚼。如果宝宝添加辅食的时间过晚，那么原有的吸吮习惯会影响宝宝接受新的进食方式。

宝宝早晨睡醒后一般不建议立即喂辅食，应先喝奶补充夜间流失的水分和营养，然后再添加辅食。

怎样判断是否良好消化了辅食

宝宝吃了新添加的辅食后，大便出现一些改变，比如，颜色变深、呈暗褐色，或可见到未消化的残菜等，不一定就是消化不良，因此，无须马上停止添加辅食。若在添加辅食后出现腹泻或是大便里有较多的黏液，就要赶快暂停添加辅食，待胃肠功能恢复正常后再从少量开始重新添加。

添加辅食后腹泻怎么办

宝宝添加辅食后出现腹泻，最常见的原因是食物过敏。如果宝宝添加某种新的食物后一两天内出现腹泻，有时候还可能伴发皮疹、呕吐、呼吸道症状等，停止食用该食物后几天内症状消失，那么基本可以判断宝宝对这种食物过敏。

如果腹泻情况严重，要及时补充水分并及时就医。

重在预防勤观察

宝宝食物过敏：一般急性过敏 24 小时内会发生，慢性过敏大约在 72 小时内发生。所以每添加一种新食物，都至少要观察 3 天，无异常后，这种食物才可以作为常规食物食用。

常见易引起宝宝过敏的食物有牛奶、鸡蛋、大豆、鱼类、贝壳类海产品、花生、坚果等。

添加辅食后便秘怎么办

宝宝可适量吃菜泥，以增加肠道内的膳食纤维，促进胃肠蠕动，通畅排便。此时家长要注意，给宝宝喂水，并逐步添加适合宝宝的菜泥、果泥等，火龙果、梨、西梅等对不少排便困难的宝宝可能有效。当然，如果饮食干预的效果不佳，应及时咨询儿科医生。

勤按摩多运动

在宝宝还不能自己爬及走路前，爸爸妈妈要适当揉揉宝宝的小肚子，促进宝宝的肠道蠕动。等宝宝能自己爬、走路的时候，要鼓励宝宝多运动，带宝宝玩一会儿，保证一定的运动量，促进肠道蠕动。

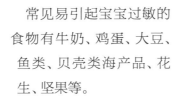

宝宝对辅食不感兴趣怎么办

不爱吃辅食可能不是宝宝的问题，通常是家长的行为所致。比如，早期便开始添加味道较浓的果汁；大人吃饭时给宝宝尝一些成人食品；给宝宝频繁吃保健品或不必要的药物；辅食做得不够精细；过早在辅食中添加盐、糖等。这样会导致宝宝喜欢吃味道浓的食物，对味淡的配方奶或常规辅食（米粉等）不感兴趣。

掌握添加原则巧应对

首先应确认吃饭时间是否合适，宝宝是否饿了。巧妙利用食物本身的味道，虾皮有咸味，可以取一点点压碎，放在宝宝的蛋羹、粥或汤里。如果宝宝不吃，最长 15 分钟就该结束喂食。

添加辅食后宝宝不爱吃奶怎么办

有的宝宝在添加辅食后不再爱吃奶，可能是添加辅食的时间不是很恰当，过早或过晚；添加的辅食不合理，辅食口味调得比奶重，使宝宝味觉发生了改变，不再对淡味的奶感兴趣了；添加辅食的量太大，辅食与奶的搭配不当，宝宝想吃多少就加多少，没有饥饿感，影响了吃奶量；宝宝自身的原因，添加辅食后，乳糖酶逐渐减少，再给奶类，会造成腹胀、腹泻，而拒绝吃奶。

根据情况调整辅食

加辅食不要操之过急，没必要为了吃辅食而减少奶量，而且晚上不要吃辅食，否则不好消化。

如果遇到宝宝不舒服，就先把辅食停掉，只吃母乳，多观察，逐步恢复辅食添加。

湿疹宝宝怎么添加辅食

　　婴儿湿疹，俗称"奶癣"，宝宝的脸上，甚至浑身上下都是一个个红点，这是一种对牛奶、母乳和鸡蛋白等食物过敏而引起的变态反应性皮肤病。它也可能是一种由遗传引起的皮肤病。

　　如果宝宝出现了湿疹，父母也不必过于紧张。出现湿疹不会影响宝宝的生长发育，但是营养摄入不全面会影响宝宝的生长发育。食物过敏加重湿疹的情况，通常是迟发性过敏反应，发生在进食后2~6小时。

　　如果宝宝的湿疹在吃了某种食物后明显加重，停止食用这种食物后症状能缓解，则要暂停这种食物的摄入。在没有明确食物与湿疹的关系前，不要盲目给宝宝忌口。多样化的食物能让宝宝获得更全面的营养，对控制湿疹很有帮助。

宝宝不宜食用的食品有哪些

　　含糖食品：糖果、加糖果汁等食品能使宝宝发生龋齿，并影响宝宝对其他食物的食欲。

　　含咖啡因的食品：咖啡因一般存在于可乐、红茶、巧克力中，有兴奋作用，宝宝应避免食用。

　　蜂蜜：不宜给1周岁以内的宝宝食用，因为蜂蜜在酿造和储存过程中，易受到肉毒杆菌的污染，宝宝的抵抗力差，容易引起食物中毒。

　　果冻：果冻含增稠剂、香精、着色剂、甜味剂等食品添加剂，这些物质吃多了或常吃会影响宝宝的智力和生长发育。近年来，宝宝吃果冻造成的卡喉事件屡屡发生，对宝宝的安全也构成了一定的威胁。

宝宝吃东西就打嗝怎么办

　　宝宝偶尔会因吃多了而打嗝，可以先饿一顿，或者家长可以将双手手心搓热，顺时针给宝宝揉揉肚子。如果连续几天，宝宝一吃东西就打嗝，并出现舌苔比较厚等症状，说明宝宝已经积食了，应该立即就医，寻求医生的指导及帮助。

为什么有些宝宝添加辅食后会皮肤发黄

　　宝宝八九个月的时候，有些妈妈会突然发现宝宝的手掌、脚掌和面部皮肤发黄，于是担心宝宝得了黄疸，其实并不一定如此。如果宝宝的巩膜（白眼球）没有发黄，饮食、睡眠、大小便都正常，肝功能检查也正常，就可以回忆一下宝宝近期是否吃了太多胡萝卜、南瓜等含有胡萝卜素的辅食。

　　胡萝卜、南瓜、柑橘等都是非常有营养的食物，但是也不能长期大量食用。这类食物中含有丰富的胡萝卜素，而胡萝卜素在体内的代谢率较低，因此容易造成皮肤发黄，医学上称为"高胡萝卜素血症"。这种情况不会对宝宝的健康有所伤害，只要让宝宝暂时停止食用这些食物，很快就能恢复正常肤色。

适量吃富含胡萝卜素的食物对宝宝眼睛健康是有益的。

宝宝不知道饿，这是怎么回事

　　有些妈妈总怕宝宝吃不饱，所以会很频繁地给宝宝喂奶。刚出生的宝宝，他饿肚子的时候会哇哇大哭，吃饱了以后，即使面对再好吃的东西，他也不会多吃一口，甚至会把东西吐出来。

　　如果妈妈总是担心宝宝吃不饱，经常喂奶喂到宝宝吃不下为止，时间一长，就会破坏宝宝的摄食中枢，导致他不知饥饱，以后只要妈妈喂奶了，他就会吃。长此以往，不但容易造成热量、脂肪摄入过多，引发肥胖，有的宝宝还会因为没有饥饿感而缺乏食欲，对吃饭失去兴趣。

　　以满 6 个月的宝宝为例，这时的宝宝每隔 4 小时左右就要喝奶，每天大约 4 次，夜间休息时间在 8 小时左右。如果宝宝饿了，可以适当提前，不能做硬性规定；到了吃奶时间，宝宝睡得正香，也不必为了喂奶而把宝宝弄醒。因为宝宝每次的喝奶量并不固定，产生饥饿的时间有长有短是很自然的事情。在这种情况下，宝宝什么时候饿了，就什么时候喂奶。

宝宝不爱喝水怎么办

不爱喝水不代表宝宝一定缺水。母乳中含有足够的水分，所以母乳喂养的宝宝很少会有渴的感觉，也就不需要每天补水。人工喂养的宝宝则需要在两顿奶之间喂一次水，防止宝宝上火。每次喂的水量以宝宝能接受为准，宝宝不喝，就不要勉强。

如果宝宝没有流失大量水分，比如，大汗、腹泻、呕吐等，就没必要额外补充水分。如果宝宝除晨尿外的小便颜色呈淡黄色或无色，就说明宝宝体内水分充足，也不需要额外补水。

在宝宝添加辅食后，菜泥、米糊等辅食中也含有水分，宝宝一般是能够接受的。而宝宝不爱喝白开水，多数是在前期没有注意宝宝的口味，在白开水中加了白糖、蜂蜜、果汁等调味品，让宝宝习惯了这种味道，所以对平淡无味的白开水失去了兴趣。

在给宝宝喂水的时候，首选白开水。如果宝宝已经养成了习惯，不能接受白开水的味道，可以继续在白开水中加白糖、蜂蜜、果汁等调味品，但要逐渐减少调味品的量，慢慢诱导宝宝接受白开水，这对他以后牙齿和口腔护理很有好处。

家长应该起榜样作用，尽量少买一些饮料。如果真的需要，避免购买碳酸饮料，选择一些果汁或者奶制品。此外，尽量不要在宝宝面前饮用饮料。

家人要经常一起喝水，家长和宝宝一起喝水，能够帮助宝宝养成按时喝水的习惯。 在父母的影响下，宝宝也会爱上喝水的。

给宝宝买一个可爱的水瓶，往往会使他爱不释手，总想用这个自己喜欢的水瓶来喝水，这样就让宝宝不知不觉地将水喝进肚子里了。对于宝宝，这种方法可能会有很大的效果，也可以养成宝宝多喝水的好习惯。

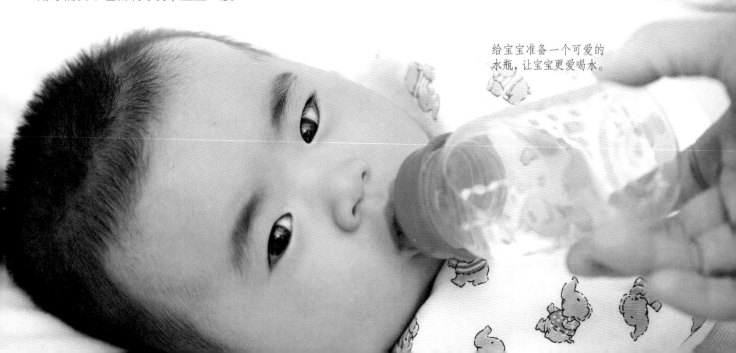

给宝宝准备一个可爱的水瓶，让宝宝更爱喝水。

宝宝吃饭太慢怎么办

有些宝宝吃饭比较慢，父母看着就特别着急。细嚼慢咽有利于健康，宝宝吃饭慢一点，父母不应该发脾气。如果宝宝吃饭太慢，父母也不能采用训斥的办法试图纠正，那样只会适得其反，久而久之，会让宝宝讨厌吃饭这件事情。

爸爸妈妈可以在吃饭前就告诉宝宝，吃饭的时候要专心，不能一边玩一边吃饭；要把玩具收起来，也不要让宝宝一边看喜欢的动画片一边吃饭；爸爸妈妈可为宝宝规定好进餐时间，超过规定时间就要把食物收起来。重复几次，宝宝就会知道吃饭的时候不能拖拖拉拉，而应该在吃饭的时间里认真吃饭。

大一点的宝宝，爸爸妈妈也可以温和地告诉宝宝吃饭太慢的影响，分析可能的原因，和宝宝一起制订改进计划，并一起坚持实施，及时鼓励和奖励。

宝宝不爱吃早餐怎么办

宝宝从早晨睁开眼睛开始，大脑细胞就开始活跃起来。如果不吃早餐，能量不足，大脑就无法正常运转。吃早餐不仅能补充能量，而且通过咀嚼食物可对大脑产生良性刺激。要纠正宝宝不爱吃早餐的习惯，可以从以下两个方面着手：首先，早餐的时间安排尽量固定，让宝宝形成有规律的饮食习惯。让宝宝明白，这个时间就是吃早餐的。 其次，早餐的品种是影响宝宝食欲的因素之一。口味丰富、品种多样的早餐，能吸引宝宝并激发宝宝的食欲。妈妈要在宝宝的饮食上多花一些心思，力求每一天的早餐都不重样，让宝宝对早餐始终保持新鲜感。

需要提醒的是，有些帮忙照顾宝宝的老人，有时为了省事就把剩饭剩菜热一热，让宝宝当早餐吃。这对宝宝的健康不利，蔬菜隔夜后产生的亚硝酸盐不利于宝宝身体健康。

宝宝比同龄宝宝吃得少，会影响发育吗

妈妈们总会聚在一起，交流喂养经验和心得。不过，有时候看见同龄的宝宝吃得多，就和自己的宝宝对比，觉得宝宝吃得太少了。

以满 8 个月的宝宝为例，通常每天喝奶 600~800 毫升，很多宝宝只喝 600 毫升就饱了，并不会影响生长发育。

辅食添加也是如此，宝宝有自己的食量，不能强制。如果宝宝精神状态很好，睡眠、大小便都很正常，吃得少也不会影响到生长发育。

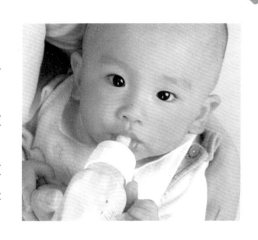

宝宝长得太胖，需要控制吗

有的宝宝食量很大，长得太胖了。原因是宝宝在原来奶粉饮用量的基础上又增加了很多的固体食物，而父母又常常担心宝宝营养缺乏，总是想让宝宝多吃点。父母的心情可以理解，但如果长此以往，就会出现父母不希望出现的结果——肥胖儿。

父母可以逐步控制有肥胖倾向宝宝的饮食，比如将每天的主食减少一些，因为主食更容易使宝宝变胖。但是妈妈一定要注意，不能减少宝宝的饮食营养，不能为了单纯减轻宝宝的体重而忽视了宝宝所需的营养，以免宝宝出现营养不良。

除了在饮食上适当控制，爸爸妈妈还要让宝宝参加户外运动。在阳光明媚的天气，带上宝宝一起去郊游或者去公园，是一个不错的选择。

宝宝辅食添加太晚，有哪些影响

有些妈妈奶水充足，便不考虑为宝宝添加辅食的事。虽然母乳非常有营养，但随着宝宝长大，母乳渐渐无法完全满足宝宝的营养需求，会导致营养不良，出现维生素和微量元素的缺乏，就会影响宝宝的生长发育。此外，吃辅食太晚，宝宝会比较难适应吃多种食物，还可能引起偏食或其他进食问题，如抗拒接受质感粗糙的食物。

巧治挑食、偏食的小妙招

良好的饮食习惯让宝宝受益

培养宝宝良好的饮食习惯，就要从小抓起。宝宝 6 个月后要及时添加辅食，让他早点品尝到各种味道的食物；7~9 个月后，鼓励宝宝用手拿东西吃，甚至自己抱着奶瓶喝奶；从 10~12 个月开始，在让宝宝玩耍中学会拿小勺；1~1.5 岁，让宝宝学会自己独立吃饭。可以采取游戏的方式引导宝宝学习吃饭，比如准备两个碗和一些小纸团，让宝宝把小纸团从一个碗舀到另一个碗里，也可以用小糖块或是小蚕豆训练宝宝舀东西，家长需在一边看护，防止宝宝吃到嘴里，引发危险。

辅食由少到多，慢慢适应不易挑食

添加辅食还要遵守由少到多的原则。妈妈应从少量开始，待宝宝愿意接受，大便也正常后再增加量。如果宝宝出现大便异常，比如排便困难或拉肚子的情况，应暂停喂辅食，待大便正常后，再开始少量试喂。帮宝宝顺利过渡到吃辅食的一个好方法是，每次先给他吃一点母乳，然后用小勺子喂他吃一点辅食，半勺半勺地喂，最后再给他吃一些母乳或者配方奶。这样会避免宝宝在非常饿的时候因不习惯辅食而闹脾气，也会让他慢慢地适应用勺子吃辅食。

宝宝不爱吃蛋黄

有的宝宝吃辅食有一段时间了，喂他蛋黄泥，他就皱着眉头，不肯张嘴。好不容易喂进去一点，又吐出来了。这是为什么？怎么喂他才肯吃？其实，宝宝很可能还没习惯蛋黄的味道。宝宝在添加辅食初期，已经习惯了菜泥、果泥的味道，并有自己喜欢的食物了。妈妈可以试着加些果泥、菜泥，调和一下蛋黄泥的味道。这样，宝宝对蛋黄泥就不会那么抵触了。

宝宝偏食、挑食，妈妈要多费心

宝宝偏食、挑食，就是喜欢什么吃什么，喜欢的东西就多吃、常吃，不喜欢吃的就不沾口，久而久之，就会出现有的营养素过剩，而有的营养素则缺乏。过剩的营养素贮存在体内，就会发胖；吃得不够会导致营养缺乏而患病，易造成营养不良，发生这些情况都是不健康的。

宝宝挑食，要保持平常心

对于宝宝饮食的偏好，是最让家长头痛的问题，妈妈们之间会互相沟通。但请妈妈们一定要注意，在宝宝挑食时，请保持平常心。

在宝宝 6 个月以上时，便有了自己的偏好，很多时候宝宝会认为能够自主选择吃什么、吃多少便意味着自己是独立的个体，所以他们甚至会通过"挑食"来向大人证明自己的独立性。

请允许宝宝对食物有一定的偏好，并尊重他自主选择的权利。如果宝宝只是不喜欢少数几种食物，如芹菜、黄瓜，但能接受番茄、白菜和南瓜，这也算正常，不会造成营养不良。宝宝挑食并不是个例，许多宝宝都会挑食，关键看怎么个挑法。

改善挑食有妙招

宝宝挑食、偏食、不爱吃饭等问题让不少父母很头疼。其实，宝宝的这些问题大多是父母导致的。在一岁半之前，父母就应当注意避免宝宝偏食。

在孩子"学吃"方面，宝宝对味道的选择，早在妈妈孕期就开始有所倾向了，因为妈妈进食和吸收的许多味道会被输送到羊水中。宝宝出生以后的纯母乳喂养期间，也是影响宝宝未来对食物选择的一个阶段。妈妈饮食的种类会影响到母乳的味道，这也是宝宝今后能顺利接受自己家庭食物味道的基础，所以妈妈自己的饮食要尽量丰富多样。母亲在怀孕与哺乳期喜欢吃的食物会成为宝宝最早接触的食物。

婴儿期，宝宝可以区分不同种类的水果和蔬菜的味道，品尝食物能增强他进食各种各样食物的意愿。辅食要在宝宝 6 个月以后添加。在两餐之间，妈妈可以让宝宝吃多种营养丰富的水果和蔬菜，并把握时机在熟悉的食物中添加新口味，帮助宝宝适应新食物。这样做不仅能促进味觉发育，还有助于今后的进食。

食物的营养素含量相差较大，妈妈要把握好添加新食物种类的度，应该关注宝宝所处的阶段。1 岁内宝宝进食要以原味食物为主，1 岁后，就可以逐渐添加含盐食物了。不要让宝宝过早尝试添加了调味料的食物，接触味道较重的食物，不然容易导致宝宝讨厌吃原味食物。

宝宝只吃肉不吃菜，能纠正过来吗

宝宝不接受某种蔬菜，有时候是由于缺少一个榜样。爸爸妈妈要以自己良好的饮食习惯和行为影响宝宝，做出榜样。如果爸爸妈妈不爱吃某种蔬菜，却强迫宝宝吃，宝宝会很抗拒。相反，如果爸爸妈妈在吃蔬菜的时候表现出很美味、很享受的样子，宝宝就会很好奇，想要尝一尝，慢慢地就能接受了。如果宝宝周围的小朋友很喜欢吃蔬菜，那么就可以把他们当成一个好榜样。儿童心理学研究认为：从众心理在儿童中广泛存在。如果有机会让一个爱吃蔬菜的小朋友和你的宝宝一起进餐，就能在一定程度上纠正宝宝偏食的习惯。

专家建议，餐桌上的蔬菜不能全部是宝宝陌生的，或者都是他不喜欢吃的，因为这样的话，他很可能什么都不愿意吃，父母的一番心血也就白费了。一顿饭，最好只加一种宝宝陌生的蔬菜，其他的菜最好都是宝宝愿意吃的，至少要保留一种他喜欢吃的。此外，妈妈要经常变换蔬菜的种类或者烹调方法，不同的口感和花样容易激发宝宝的食欲。比如，把肉切碎和蔬菜混合，或把肉和蔬菜放在一起制作，使蔬菜混合肉的香气，提高宝宝对蔬菜的接受度。也可将切碎的蔬菜和肉泥或是婴儿米粉混合在一起做成羹类、泥类食物，再喂给宝宝。

多给宝宝动手的机会

宝宝多大才能自己吃饭，很大程度上取决于父母什么时候给宝宝学习吃饭的机会。多数宝宝在 9~12 个月的时候就会表现出自己动手吃饭的愿望，比如喂食时会从父母手里抢勺子、抢夺碗筷等。这时宝宝双手活动协调能力有限，即使他很努力，仍旧会把食物撒得到处都是。不过不要紧，经过半年至 1 年的锻炼，宝宝就可以吃得很好了。请放手给宝宝自己动手吃饭的机会吧。

父母不要因为难以容忍饭菜撒出来就给宝宝喂饭，剥夺宝宝锻炼学习的机会。可给宝宝准备不易摔破、易拿、不会刺伤宝宝的碗、勺，并做好充分的准备，比如在宝宝的餐椅下面铺上一大张纸、给宝宝穿戴围嘴等，这样收拾餐桌就会相对容易很多。

在吃饭时，要多给宝宝锻炼的机会，9 个月左右的宝宝可以尝试用勺子，2 岁左右可以学习用筷子。

便秘也会让宝宝没食欲

宝宝在添加辅食后，引起便秘的主要原因是膳食纤维摄入不足。宝宝辅食加工过细、过精，虽然有利于营养的吸收，但去除了大量的膳食纤维，易导致宝宝膳食纤维摄入不足，从而引起便秘。当然，不能说辅食加工越粗糙越好，因为这样容易导致宝宝消化不良，引起腹泻。

除了辅食加工过细、过精以外，宝宝在服用钙剂后也很容易出现便秘，这是由宝宝对钙质吸收不良引起的。宝宝体内的钙质过多，无法完全吸收，会和肠道中不饱和脂肪酸形成钙皂。因此，给宝宝补充钙剂不要过量。

一些配方奶中含有的脂肪酸直接来自牛奶，易与钙结合形成钙皂，造成钙质不能被宝宝消化吸收，反而堵塞肠道，影响正常排便。

总的来说，宝宝的饮食一定要均衡，不能偏食，五谷杂粮以及各种水果蔬菜都应均衡摄入。宝宝临睡前，妈妈用手掌以宝宝的肚脐为中心按顺时针方向轻轻按摩其腹部，这样不仅可以促进孩子的肠蠕动，还有助于其入眠。

苹果泥　香蕉泥　红薯泥　菜粥泥

多次尝试，总会成功

现在人们工作压力大，生活节奏快，有一部分妈妈表现得很急躁。在宝宝拒绝番茄 1 次、2 次后便武断地下结论——宝宝不吃番茄。这样轻易地下结论是不可取的。哪怕宝宝已经第 10 次拒绝吃番茄了，也请父母不要急躁，因为很多宝宝可能在父母提供第 11 次，甚至第 21 次时才愿意去尝试一种新食物。

当添加一种宝宝之前不愿意尝试的食物时，请记住，只需要为宝宝准备几小块就够了，同时别忘了还要一同提供宝宝爱吃的其他食物。吃饭时，不要对宝宝挑剔的行为小题大做，更不要动辄谈论它、强化它，越是企图纠正它，宝宝反而越有可能继续挑食，甚至坚决不碰这类食物。家人只需适当引导，不要强迫宝宝接受新食物。家长可以在宝宝面前多吃这种食物，宝宝会更想尝试。

添加的辅食要新鲜

在给宝宝制作辅食或购买市售辅食时，不要只注重营养，而忽视了口味。这样不仅会影响宝宝的味觉发育，为日后挑食埋下隐患，还可能使宝宝对辅食产生排斥，从而影响营养的摄取。辅食应该以天然清淡为原则，制作的原料一定要新鲜，1岁前不要添加调料，更不可添加味精和人工色素等，以免增加宝宝肾脏的负担。购买市售米粉，就要购买正规厂家生产的米粉，这些产品的营养性、安全性更有保障。

给宝宝准备专属的餐具

宝宝的餐具最好是单独的，避免交叉感染。同时，为了让宝宝对吃饭感兴趣，可以让宝宝参与选择合适的餐具。宝宝大一些了，妈妈可以带着他一起选购餐具，让他置身于五彩斑斓的小碗、小勺的世界，让宝宝熟悉他的"新朋友"。对于自己精挑细选的餐具，宝宝肯定会爱不释手，进而可以增加宝宝吃饭的兴趣。

挑选宝宝餐具时要注意以下4点：

1. 颜色：以纯色为主。
2. 无毒：选择安全材质的餐具，购买前仔细查看商品的材质标志。
3. 耐热：餐具一定要耐热，挑选时应看清包装上注明的耐受温度。
4. 尺寸：不要太大，要适合宝宝的小嘴、小手。

保持愉快的进食氛围

选择宝宝心情愉快和清醒的时候喂辅食，当宝宝表示不愿吃时，不可采取强迫手段。给宝宝添加辅食不仅仅为了补充营养，同时也是培养宝宝健康的进食习惯和礼仪，促进宝宝正常的味觉发育。如果宝宝在接受辅食时心理受挫，会给他带来很多负面影响。

宝宝贪吃应尽早干预

宝宝贪吃危害多，不仅会造成身材肥胖，而且还会造成宝宝营养不均衡、抵抗力下降、易生病，且影响宝宝的正常生长发育。研究表明，贪吃的宝宝一般都偏食。宝宝摄入营养失衡，不能很好地从食物中获取营养来增强抵抗力，更易生病。

一般来说，父母可以从以下几方面入手预防宝宝贪吃：

1 如果在某一段时间内，妈妈发现宝宝饭量突然增大或零食需求增加时，就应了解宝宝是否遇到挫折、被爸爸妈妈冷落等，并针对宝宝的真实意图加以开导。

2 想要宝宝不贪嘴，首先，妈妈应当为他制订一个明确的定时定餐定量表，并认真执行，尤其要严格控制零食量。同时，妈妈也要经常带宝宝做做游戏，帮助宝宝消化和吸收。

3 要让宝宝感受到家庭的温暖。爸爸妈妈应创造条件，让他生活在一个安全、舒适的环境中；在日常生活中，多陪宝宝聊聊天，带他出去玩一玩。这是很好的早教，也可以避免宝宝产生用食物来代替其他需求的心理。

4 不要强迫宝宝多吃。父母对食物的作用要有正确的认识，并不是吃得越多越好，疼爱宝宝不一定非要通过给予食物来体现，多陪宝宝玩一会儿也许会更有意义。

宝宝吃零食要讲方法

宝宝可以吃零食，但是要选择对宝宝成长有益的零食，如水果、奶制品、小糕点等，而且要根据月龄适当添加。还要控制宝宝吃零食的时间，可在每天午饭、晚饭之间给宝宝一些水果或糕点，量不要过多。餐前1小时内不宜让宝宝吃零食，每天的零食安排以一两次为宜，每次不能吃得过多，以免影响正常饮食。

第二章

百变辅食，宝宝吃得好、长得高

开始给宝宝添加辅食了！爸爸妈妈们要按照宝宝发育的不同月份和宝宝的成长需要，依次给宝宝添加辅食。在制作辅食时，还要注意营养的搭配、食材的选择、器具的消毒等。掌握这些添加辅食的技巧和知识，能够给宝宝更棒的辅食，让宝宝健康地成长！

6个月宝宝发育测评表

宝宝现在还不能长时间独立坐，因此，
不要让宝宝独坐太久。

亲子关系
相当依恋妈妈

精细动作
凡双手能触及的物体，
都要用手抓一抓、摸
一摸

社会性
可以分辨出熟人和生人，
出现认生现象和分离
焦虑

越来越好动了
这时的宝宝越来越活泼好动。
另外，要注意补充锌和铁，以
促进宝宝味觉发育以及预防
贫血。

听觉
对听到的声音有了一定
的记忆能力，能听出家
人的声音

语言
听到名字会回头，听到
"妈妈"会朝自己的妈
妈看

运动
能自由地从仰卧翻身成
俯卧，再由俯卧翻为仰
卧；能独坐片刻

视觉
视野扩大，具备用视觉
确认和辨别物体的能力，
手眼协调能力增强

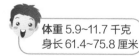

体重 5.9~11.7 千克
身长 61.4~75.8 厘米

体重 5.6~10.9 千克
身长 60.1~74.0 厘米

6个月宝宝作息时间表

🍼喝奶　🧸玩　🛏睡　🍚辅食

6个月的宝宝营养的主要来源还是母乳或配方奶。辅食此时只是补充部分营养素的不足，为日后以饭菜为主要食物做好准备。这个阶段，宝宝对铁、钙、叶酸和维生素等营养素的需求增加，应适当地增加谷物类和富含锌、铁、钙的食物，比如，营养米粉、菜泥、果泥等。

奶和辅食的比重

这个月的宝宝，大多是白天睡两三次。如果晚上睡前喂200毫升以上的奶，可能会一直睡到早晨7点钟左右。给宝宝安排辅食，可以在午饭的时候添1次，午饭前也可以给宝宝吃些米糊。

新添加的辅食

开始给宝宝添加辅食，妈妈可以从含铁米粉开始添加。妈妈可以选择自制米粉，也可以选择市售的米粉。除了添加米粉外，还可以给宝宝喂些菜泥或果泥，量不要多，循序渐进。

❝ 每天喝奶5次
吃辅食1~2次
睡觉13~15个小时 ❞

小提示：宝宝作息时间表仅供参考，每个宝宝的习惯不同，喂养和睡眠安排应遵照按需原则。

6 个月

6个月，宝宝可以开始添加辅食了，可以把含铁米粉作为宝宝的第一道辅食，含铁米粉有助于预防宝宝缺铁性贫血。除了米粉之外，妈妈还可以给宝宝吃些米糊或菜泥，但辅食要一种一种添加，不要心急。

1 种辅食/天
喝奶 5 次/天
食物状态
液状或稀泥状
辅食 15 克/次
辅食 1~2 次/天

含铁米糊

原料： 含铁米粉 15 克。

做法： ①取 15 克含铁米粉，加入三四匙温水，静置一会儿，使米粉充分浸润。②再加入适量水，用筷子按照顺时针方向搅拌成糊状，盛入碗中，用勺子喂宝宝即可。

营养功效： 此阶段宝宝生长发育所需的铁，可以通过米粉获取，以防止缺铁性贫血。

大米糊

原料： 大米 30 克。

做法： ①大米洗净后，浸泡 1 小时以上，捞起，沥干水分，然后用料理机将大米磨成米浆。②用网筛将磨好的米浆过滤。③将过滤出来的米浆加水 200 毫升倒入锅内，开小火，边煮边搅拌，煮至米糊浓稠状即可。

营养功效： 米糊中含有碳水化合物，可为宝宝提供能量。

香蕉奶糊

原料： 香蕉半根，配方奶 50 毫升。

做法： ①香蕉去皮，切成薄片，放入锅中，加适量清水。②倒入配方奶，煮沸后再煮 5 分钟。③用勺子将香蕉压成泥后喂给宝宝即可。

营养功效： 香蕉富含钾，有利于维持细胞正常的渗透压和酸碱平衡。

怎样制作蔬果泥

如果想尝试让宝宝吃些蔬果，可以将煮烂的蔬果碾压成泥，试探性地喂宝宝；也可以将蔬果打成泥，然后加入烧开后的米汤中，边加入边搅拌。蔬果泥一定要细，防止有小颗粒呛到宝宝。

菜花土豆泥

原料： 菜花 50 克，土豆半个，米汤适量。

做法： ①土豆去皮，切成小块，上锅蒸熟，压成泥。②菜花掰成小朵，洗净，焯熟后加适量温开水搅打成泥。③将土豆泥、菜花泥搅拌均匀，上锅蒸 10 分钟即可。

营养功效： 土豆富含钾、镁等矿物质，菜花富含膳食纤维，搭配一起吃可预防便秘。

猪肝泥

原料： 猪肝 1 个。

做法： ①将猪肝洗净去筋膜，放入水中煮半小时后，切成片。②在热水锅中煮至熟烂。用勺子压成泥，加点温开水拌匀即可。

营养功效： 猪肝含铁丰富，铁是产生红细胞必需的元素，适量食用可预防贫血，令宝宝皮肤红润、健康成长。

平鱼泥

原料： 平鱼肉 30 克。

做法： ①将平鱼肉洗净，放入锅中，加水炖 15 分钟。②鱼肉熟透后剔净皮和刺，用勺子压成泥状即可。

营养功效： 平鱼富含蛋白质、不饱和脂肪酸及维生素，能促进宝宝发育，强健身体。

鱼肉泥

原料: 鳕鱼肉 50 克。

做法: ①鳕鱼肉洗净, 去皮、去骨、去刺, 放入盘内上锅蒸熟。②将蒸熟的鱼肉放入料理机, 加少许温开水打成泥即可。

营养功效: 鳕鱼中富含蛋白质和宝宝发育所必需的多种 DHA。

山药大米羹

原料: 山药 30 克, 大米 20 克。

做法: ①大米洗净; 山药去皮, 切成小块。②大米和山药块放入搅拌机中打成汁。③锅置火上, 倒入山药大米汁搅拌, 用小火煮至羹状, 盛出, 放温后喂宝宝即可。

营养功效: 山药含有丰富的碳水化合物、B 族维生素和膳食纤维, 能够有效促进宝宝肠道的蠕动, 帮助消化和吸收。

南瓜羹

原料: 南瓜 50 克。

做法: ①南瓜去皮、去子, 洗净, 切成小块。②将南瓜放入锅中, 倒入适量水, 边煮边将南瓜捣碎, 煮至稀软即可。

营养功效: 南瓜含有一定的碳水化合物, 及丰富的 β-胡萝卜素, 能保护呼吸道黏膜和视力。

过敏体质的宝宝慎食山药, 山药容易引起皮疹或皮肤瘙痒症状。

茄子泥

原料：嫩茄子 40 克。

做法：①将茄子切成细条，隔水蒸 10 分钟左右。②把蒸烂的茄子条去皮，捣成泥即可。

营养功效：茄子含有丰富的钙、膳食纤维、烟酸等，有助于宝宝骨骼、牙齿发育。

冬瓜泥

原料：冬瓜 100 克。

做法：①将冬瓜洗净，去皮，去瓤，切片备用。②锅中加适量清水烧开后，放入冬瓜片，煮至冬瓜软烂，盛出，用勺子压成泥，盛入碗中，凉温后喂宝宝即可。

营养功效：冬瓜含水量高，有补水利尿的功效，还含有丰富的胡萝卜素和维生素 A，对宝宝的眼睛有益。

芹菜米糊

原料：芹菜 30 克，米粉 20 克。

做法：①芹菜洗净切碎，放入榨汁机中榨汁备用。②锅中加水煮沸，放入芹菜汁和米粉，煮 3 分钟即可。

营养功效：米粉含有丰富的碳水化合物、维生素、矿物质等，易于消化，适合给宝宝当主食。

怎样留存住蔬菜的营养

蔬菜，尤其是绿叶蔬菜，最好先清洗干净后再切或者煮好后再切，以免营养流失过多。给宝宝吃的青菜，最好选择叶子短、淡绿色的，其品质好，含膳食纤维少，口感细腻。另外，青菜有青梗、白梗之分，叶柄颜色近似白色的味清淡，叶柄颜色淡绿的味比较浓郁。

7个月宝宝发育测评表

宝宝翻身已相当灵活，并可以不用手支撑保持坐姿。但此时宝宝的骨骼还是很软，要让宝宝少坐多趴。

亲子关系
非常依恋父母

精细动作
抓物更准确了，会用双手同时握住较大的物体

社会性
玩耍时发现玩具被拿走，自己会尝试寻找

喜欢爬，活动量更大
这时候的宝宝需要补充钙、磷，以促进骨骼的生长和发育。

听觉
爸爸妈妈教宝宝认识身体部位，宝宝听到名称会用手指

语言
尝试让宝宝用动作表达，比如挥手等

运动
宝宝扶着床栏杆、小车等物体能自己站一会儿

视觉
开始注意数量多、体积小的东西，对复杂物象保持较长注意时间

体重 6.2~12.2 千克
身长 62.7~77.4 厘米

体重 5.9~11.4 千克
身长 61.3~75.6 厘米

7个月宝宝作息时间表

🍼喝奶　🧸玩　🛏睡　🥘辅食

本月的宝宝不能靠纯母乳喂养了，可以考虑添加辅食。添加辅食的目的是补充铁以及多种营养元素，否则宝宝可能会贫血。值得注意的是，未曾添加过的新辅食，不能一次添加2种或2种以上。一天之内也不能添加2种或2种以上的肉类、水果。

奶和辅食的比重

这个月的宝宝，大多是白天睡两三次。如果晚上睡前给200毫升以上的奶，可能会一直睡到早晨6~8点钟。给宝宝安排辅食，可以在上午睡前添1次，午饭后再添1次。早、中、晚和睡前各吃1次奶。

新添加的辅食

为了保证宝宝长牙期有足够的营养，妈妈应该准备一些新的食物给宝宝吃。除了已经添加的米粉、蔬果泥外，还可以添加蛋黄以及肉泥等。

"
每天喝奶4次
吃辅食2次
睡觉13~15个小时 **"**

7个月

满7个月的宝宝，可以吃蛋黄了。一方面，母乳中铁的含量已经不能满足宝宝的需求，需要从食物中摄取；另一方面，宝宝适应了菜泥、果泥等泥糊状食物后，可以添加蛋黄了。

2种辅食/天　喝奶4次/天

食物状态

可用舌头压碎的软硬程度

辅食20克/次　辅食2次/天

蛋黄泥

原料： 鸡蛋1个。

做法： ①鸡蛋洗净，放入锅中，加适量水，中火煮8分钟。②取1/8蛋黄，用勺子压成泥，加20毫升温开水搅拌均匀，或用研磨碗研成泥状，放温即可。

营养功效： 蛋黄含有大量的胆碱、卵磷脂，都是宝宝大脑发育必不可少的营养素。

香蕉乳酪糊

原料： 香蕉半根，天然乳酪25克，鸡蛋1个，胡萝卜适量。

做法： ①鸡蛋煮熟，取出1/8只蛋黄，压成泥。②香蕉压成泥；胡萝卜去皮，煮熟，磨成胡萝卜泥。③把所有原料混合，再加入清水，调成浓度适当的糊，放入锅中煮沸即可。

营养功效： 香蕉含碳水化合物、钾、果胶等，营养丰富，可提高宝宝食欲。

大米小米粥

原料： 大米30克，小米20克。

做法： ①大米洗净；小米洗净。②将大米和小米放入锅中，加入适量清水，大火烧开转小火煮至米软烂即可。

营养功效： 大米、小米均含有丰富的碳水化合物，另外，小米含有丰富的β-胡萝卜素等。大米小米粥容易消化吸收，能够及时为宝宝补充体力。

怎样给宝宝添加蛋黄 ✧

第一次给宝宝喂蛋黄要先从 1/8 个开始，在观察到宝宝没有过敏反应后，再慢慢加量逐渐过渡至 1/4 个、1/2 个直至整个。可以和蔬果泥混合在一起喂给宝宝，也可以混在稀粥、米糊中。

蛋黄玉米泥

原料： 熟蛋黄 1/8 个，玉米粒 20 克。

做法： ①玉米粒用料理机打成蓉；熟蛋黄压成泥备用。②将玉米蓉放入锅中，加适量水，大火煮沸后，转小火煮 5 分钟，再转大火煮并不停地搅拌。③最后将熟蛋黄泥倒入搅拌均匀即可。

营养功效： 蛋黄中富含卵磷脂，且玉米富含钙、磷等营养素。尤其是玉米中含有谷氨酸，能提高宝宝免疫力。

蛋黄豆腐羹

原料： 豆腐 25 克，熟蛋黄 1/8 个。

做法： ①将豆腐洗净，捣成泥。②锅中放入适量水，倒入豆腐泥，熬煮至汤汁变少。③将熟蛋黄压碎，放入锅里稍煮片刻即可。

营养功效： 蛋黄中丰富的卵磷脂有益于宝宝神经、血管、大脑的发育，有助于增强宝宝的记忆力。

红薯红枣蛋黄泥

原料： 红薯 20 克，红枣 2 颗，熟蛋黄 1/8 个。

做法： ①红薯去皮洗净，切块；红枣洗净，去核；熟蛋黄压成泥。②碗中放红薯块、红枣隔水蒸熟。③蒸熟后的红枣去皮，加适量温开水，与红薯块一起捣成泥，加入蛋黄泥拌匀即可。

营养功效： 红薯富含膳食纤维，可促进排便，防止便秘。

油菜玉米糊

营养功效: 玉米营养丰富, 含有碳水化合物、多种维生素及微量元素。油菜中的膳食纤维具有刺激胃肠蠕动、加速排便的作用。

原料: 油菜 50 克, 玉米面 30 克。

油菜膳食纤维丰富, 含有钙、铁、维生素等, 可为宝宝提供多种营养。

做法:

1 油菜择洗干净, 放入锅中焯熟, 捞出凉凉后切碎并捣成泥。

2 用凉凉的开水将玉米面稀释, 一边加水一边搅拌, 调成糊状。

3 锅内加水烧开, 边搅边倒入玉米糊, 防止煳锅底; 水开后, 改为小火熬煮。玉米面煮好后放入油菜泥调匀, 盛出, 凉温后喂宝宝即可。

蛋黄粥

原料： 大米 25 克，熟蛋黄 1/2 个。

做法： ①大米淘洗干净，用水浸泡 30 分钟；熟蛋黄压碎备用。②将大米放入锅中，加适量水，大火煮沸后换小火煮 20 分钟。③在煮好的大米粥中加入压碎的熟蛋黄拌匀即可。

营养功效： 促进发育，强壮身体。

小米玉米糁粥

原料： 小米 20 克，玉米糁 30 克。

做法： ①将小米、玉米糁淘洗干净，备用。②锅中加入适量水，放入小米、玉米糁同煮成粥，凉温后用小勺喂宝宝即可。

营养功效： 可维护宝宝肠胃健康，容易消化吸收，预防便秘。

菠菜粥

原料： 大米 50 克，菠菜 30 克。

做法： ①菠菜择洗干净，放入沸水中焯一下，沥水后切碎。②大米洗净，加水放入锅中，熬成粥。③出锅前，将切好的菠菜放入大米粥中，搅拌均匀，再小火煮 3 分钟即可。

营养功效： 菠菜富含维生素 C、胡萝卜素，可保护视力，助力铁吸收。

怎样去除绿叶蔬菜中的草酸

菠菜、小白菜、油菜等绿叶蔬菜中的草酸含量较高，草酸易和食物中的钙结合形成草酸钙，影响宝宝对食物中钙的吸收。只要在烹饪前用开水焯一下，再进行烹饪，就可去除大部分草酸，这样就不会妨碍宝宝对钙的吸收了。

香菇苹果豆腐羹

原料: 干香菇 2 朵, 苹果半个, 豆腐 20 克。

做法: ①干香菇洗净泡软后切碎, 打成蓉。②豆腐碾碎, 与香菇蓉一起煮烂制成豆腐羹。③苹果洗净, 去皮、去核, 切成块, 放入搅拌机搅打成蓉。④豆腐羹冷却后, 加入苹果蓉拌匀即可。

营养功效: 香菇苹果豆腐羹含有丰富的蛋白质以及钙、镁等矿物质, 宝宝食用后容易消化, 经常食用还有助于提高宝宝的记忆力和专注力。

西蓝花牛肉泥

原料: 西蓝花 30 克, 牛肉 50 克。

做法: ①西蓝花洗净, 放入开水中烫 2 分钟, 关火闷 3 分钟后切碎。水要放得尽量少, 或者用蒸的方法, 以减少营养流失。②牛肉切末煮至肉末熟透。煮好的牛肉末和汁水放入料理机中搅拌成肉泥。③所有食材一起搅拌均匀即可。

营养功效: 促进大脑发育, 提高人体的免疫力。

苹果桂花羹

原料: 苹果半个, 米粉 20 克, 桂花适量。

做法: ①苹果洗净, 去皮、核, 放入榨汁机中榨汁。②取苹果汁入锅煮沸, 加入米粉, 搅匀成羹, 撒上桂花略煮即可。

营养功效: 苹果中含多种维生素, 有助于宝宝成长发育。桂花的香气可提升食欲。喂的时候要将桂花捣碎食用。

青菜泥

营养功效： 青菜泥可补充 B 族维生素、维生素 C、钙、磷、铁等营养物质。青菜中还含有大量的膳食纤维，有助于宝宝排便。

原料： 青菜 100 克。

做法：

青菜泥可为宝宝补充维生素和膳食纤维，有助于宝宝营养均衡。

1 将青菜择洗干净。

2 锅内加入适量水，待水沸后放入青菜，煮 15 分钟后捞出，凉凉并切碎。

3 青菜碎放入碗内，用汤勺将青菜碎压成泥即可。

鸡汤南瓜泥

营养功效： 南瓜富含维生素 C、胡萝卜素、锌等营养成分，可增强宝宝抵抗力，促进宝宝的生长发育。常吃南瓜，可使大便通畅，肌肤光滑。

原料： 南瓜 100 克，鸡汤适量。

做法：

常食南瓜可润肠通便、美容养颜，
妈妈可以和宝宝一同食用。

1 南瓜去皮，洗净后切成丁。

2 将南瓜丁装盘，放入锅中，加盖隔水蒸 10 分钟。

3 取出蒸好的南瓜丁，加入热鸡汤，用勺子压成泥，凉温后喂给宝宝即可。

大米南瓜汤

原料： 大米 25 克，小南瓜 1/4 个。

做法： ①小南瓜洗净削皮，切成小块；大米洗净，用清水浸泡 30 分钟。②将大米放入锅中，加适量水，大火煮沸后转小火煮 20 分钟。③放入南瓜块，小火煮至熟烂即可。

营养功效： 南瓜富含胡萝卜素、膳食纤维等营养成分，可保护视力、帮助消化。

香蕉胡萝卜蛋黄糊

原料： 熟蛋黄 1/8 个，香蕉、胡萝卜各半根。

做法： ①熟蛋黄压成泥；香蕉去皮，用勺子压成泥；胡萝卜洗净、切块，煮熟后压成胡萝卜泥。②把蛋黄泥、香蕉泥、胡萝卜泥混合，再加入适量温开水调成糊，放在锅内略煮即可。

营养功效： 香蕉含丰富的钾，可促进细胞及组织生长。同时蛋黄可促进宝宝大脑和神经系统的发育。

鱼菜米糊

原料： 米粉 20 克，鱼肉 25 克，青菜 30 克。

做法： ①将洗净的青菜、鱼肉分别剁成碎末，放入锅中蒸熟。②将米粉放入碗中，加入温开水，搅拌成米糊。③将蒸好的青菜和鱼肉加入调好的米糊，搅拌均匀即可。

营养功效： 鱼菜米糊中含有丰富的蛋白质和维生素，不但可以促进宝宝的大脑发育，还可以提高宝宝的免疫力，让宝宝聪明又健康。

妈妈给宝宝做鱼的时候尽量选择刺少的，如黑鱼、鲈鱼、多宝鱼、鳕鱼等。

大米蛋黄汤

原料: 大米 25 克, 鸡蛋 1 个。

做法: ①大米洗净, 用清水浸泡 30 分钟。②将大米放入锅中, 加适量水, 大火煮沸后转小火煮 20 分钟。③待煮熟快起锅前, 将鸡蛋打碎, 取出蛋黄, 倒入粥中搅匀即可。

营养功效: 蛋黄中的卵磷脂是人体必需的营养物质, 有助于提高免疫力。

苹果薯团

原料: 红薯 50 克, 苹果 20 克。

做法: ①将红薯去皮, 洗净, 切碎煮软, 压成泥状。②苹果去皮, 去核, 切碎煮软, 压成泥状。③将红薯泥和苹果泥混匀做成球形, 给宝宝喂食即可。

营养功效: 红薯中含有较多的膳食纤维, 可预防宝宝便秘。

蛋黄玉米羹

原料: 鲜玉米粒 50 克, 鸡蛋 1 个。

做法: ①将鲜玉米粒打成蓉; 鸡蛋, 取蛋黄打散。②玉米蓉放入锅中, 加水, 大火煮沸后, 转小火煮 20 分钟。③蛋黄液倒入锅中, 转大火并不停地搅拌, 直至煮沸即可。

营养功效: 玉米所含的谷氨酸较高, 谷氨酸能促进脑细胞代谢, 有健脑的作用。

土豆苹果糊

营养功效：土豆苹果糊可以说是土豆泥的"升级版"，加入苹果后不会觉得特别干，好吃又易消化。土豆苹果糊还能为宝宝补充钾，预防腹泻。

原料：土豆 20 克，苹果半个。

做法：

表皮粗糙的土豆更适合做土豆泥。

1 土豆洗净，去皮，切成小块，上锅蒸熟后捣成土豆泥。

2 苹果洗净，去皮，去核，用搅拌机打成泥状。

3 将土豆泥和苹果泥放入碗中，加入温开水调匀，给宝宝吃即可。

8个月宝宝发育测评表

宝宝的体重增长变缓慢了，但身长却增长迅速。这个月龄的宝宝抵抗力下降，家长要学习婴幼儿疾病的预防知识。

亲子关系
喜欢让爸爸妈妈及家人抱

精细动作
能精确地用拇指和食指、中指捏东西；手眼能协调并联合行动

社会性
懂得大人的面部表情，受夸奖时会微笑，受训斥时会委屈

宝宝开始长牙了
这段时间要注意钙等矿物质、维生素和热量的补充，以促进宝宝长牙，满足其成长需求。

听觉
能听出妈妈的声音，对"爸爸""妈妈"等词语反应强烈

语言
能把语言和物品联系起来，总是发出"咿咿呀呀"的声音，好像在叫爸爸妈妈

运动
动作开始有意向性，会自己匍匐爬行、坐起、躺下，会用一只手拿东西

视觉
开始有选择性地看周围的事物，会记住自己感兴趣的东西

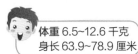

体重 6.5~12.6 千克
身长 63.9~78.9 厘米

体重 6.1~11.8 千克
身长 62.5~77.3 厘米

8个月宝宝作息时间表

喝奶 玩 睡 辅食

本月的宝宝还要继续喂母乳或配方奶，但是量可以相对减少。除了继续添加上个月添加的辅食外，还可以多添加一些富含蛋白质的辅食，如鱼泥、肉末等，因为宝宝的胃液已经可以充分发挥消化蛋白质的作用。无论是否长出乳牙，都应该给宝宝吃半固体食物了，如粥、鱼泥、肉泥等。

奶和辅食的比重

这个月的宝宝，白天的睡眠时间相对减少，喝奶的次数也会相对减少。但是晚上睡前还是要给宝宝充足的奶量，让宝宝一觉睡到天亮，一般 200 毫升左右即可。在辅食的安排上，可以将以往上午喂奶的时间换成辅食，一天不超过 3 次。

新添加的辅食

宝宝开始陆续长牙了，有的宝宝已经长了两三颗牙。为了满足宝宝成长所需及保证营养均衡，可以给宝宝增加辅食种类，增加辅食中鱼肉、鸡肉的比例。

66
喝奶 3 次
吃辅食 3 次
睡觉 12~14 个小时
99

8 个月

现在是锻炼宝宝咀嚼能力的关键期，适当给宝宝吃一些软固体食物很有必要。而且此时宝宝的成长发育需要蛋白质，因此，应适当增加富含蛋白质的食物，如鱼泥、肉泥等。

3种辅食/天　喝奶3次/天

食物状态

可用舌头、牙床压碎的软硬程度

辅食50克/次　辅食3次/天

黑芝麻核桃糊

原料： 黑芝麻 30 克，核桃仁 20 克。

做法： ①将黑芝麻去杂质，入干锅，小火炒熟，趁热装入碗中，碾成细末。②将核桃仁碾成细末，与黑芝麻末充分混匀。③用沸水冲调成黏稠状，稍凉后喂宝宝即可。

营养功效： 黑芝麻、核桃含有丰富的亚油酸和一定量的 α−亚麻酸，还含有丰富的铁、硒、维生素 E 等，有助于促进宝宝大脑发育。

小米蛋奶粥

原料： 小米 30 克，鸡蛋黄 1 个，配方奶适量。

做法： ①小米淘洗干净，用水浸泡 1 小时；鸡蛋黄打散，备用。②将小米加水煮开，加入配方奶继续煮，至米粒松软烂熟时，将蛋黄液倒入粥中，搅拌均匀，煮熟即可。

营养功效： 小米富含 B 族维生素，可促进消化吸收，搭配鸡蛋黄、牛奶，促进生长发育。

葡萄干土豆泥

原料： 土豆 50 克，葡萄干 5 粒。

做法： ①葡萄干用温水泡软，切碎备用。②土豆洗净，蒸熟去皮，做成土豆泥备用。③锅烧热，加少许水，煮沸，下入土豆泥、葡萄干碎，转小火煮；出锅后凉一凉即可。

营养功效： 土豆泥制作方便，还是不易致敏的食物之一，适合宝宝吃。葡萄干可以改善口感，增加食欲。

如何给宝宝吃鱼

妈妈需要注意给宝宝尝试不同种类的鱼，让宝宝品尝不同的口味，以免偏食。烹饪方式最好是蒸煮，原汁原味有利于宝宝的味觉发育。

芝麻米糊

原料： 白芝麻 20 克，大米 30 克。

做法： ①大米放入平底锅，小火烘炒 5 分钟，随后放入白芝麻翻炒至熟。②大米和白芝麻放入搅拌机搅打成芝麻米粉，再用筛网过滤，去除未打碎的大颗粒。③芝麻米粉放入锅中，加清水，大火烧沸后转小火熬煮 20 分钟，制成芝麻米糊即可。

营养功效： 可提高宝宝的食欲，同时还能润肠通便。

鸡泥粥

原料： 大米 20 克，鸡胸肉 30 克。

做法： ①大米淘洗干净；鸡胸肉煮熟后撕成细丝，并剁成肉泥。②大米放入锅内，加水慢火煮成粥；煮到大米完全熟烂后，放入鸡肉泥再煮 3 分钟出锅，凉温后喂宝宝即可。

营养功效： 鸡肉蛋白质含量较高，且易被宝宝吸收，有增强体力、强壮身体的作用，能满足本阶段宝宝对蛋白质的需求。

鱼奶羹

原料： 鱼肉 50 克，鱼汤、配方奶、芹菜各适量。

做法： ①鱼肉洗净，去刺；芹菜洗净切碎。②把鱼肉放入热水锅中，煮后压成泥。③另起一锅，锅中加鱼汤煮沸，放入鱼泥，再放少许配方奶和切碎的芹菜，煮熟即可。

营养功效： 鱼肉富含蛋白质、不饱和脂肪酸、多种维生素，以及钙、锌、磷、镁等矿物质，补充营养更全面。

小米南瓜粥

原料： 南瓜 20 克，小米 30 克。

做法： ①南瓜去皮，去子洗净，切成小块；小米洗净，备用。②将南瓜和小米一起放入锅内，加水，大火煮沸，转小火煮至小米和南瓜软烂，盛入碗中，凉温后喂宝宝即可。

营养功效： 小米中的 B 族维生素含量在粮食排行中名列前茅，而且有养胃的功效。南瓜富含胡萝卜素，可促进宝宝的视力发育。

鸡肉玉米泥

原料： 鸡肉 50 克，玉米粒 30 克。

做法： ①鸡肉洗净，切丁；玉米粒洗净。②鸡肉丁和玉米粒分别煮熟。③将煮熟的鸡肉丁和玉米粒放入料理机，打成泥状即可。

营养功效： 防便秘，提升抵抗力。

配方奶饼干

原料： 手指饼干、配方奶各适量。

做法： ①将配方奶稍温热，放入小碗中。②将手指饼干蘸着配方奶喂给宝宝吃即可，也可以蘸完后让宝宝自己拿着手指饼干吃。

营养功效： 手指饼干泡湿后可以让宝宝拿着磨牙，这样有利于宝宝学习咀嚼，也对宝宝出牙有帮助。妈妈在家亲自烘焙的手指饼干更营养健康。

怎样给宝宝添加肉类食物

肉类的添加可以先从白肉开始，如鸡肉、鸭肉、鱼肉等，然后再添加红肉，如牛肉、猪肉等。关于动物肝脏，可先从易消化的鸡肝开始，然后是鸭肝、猪肝、羊肝等。

西蓝花蛋黄粥

营养功效：蛋黄中的卵磷脂对宝宝的大脑和神经系统发育大有裨益，西蓝花富含维生素 C，可提高宝宝的身体免疫力，预防感冒。两者搭配煮粥，营养更全面，更有利于宝宝消化和吸收。

原料：西蓝花 30 克，鸡蛋 1 个，大米 20 克。

西蓝花蛋黄粥可以增强宝宝的免疫力。

做法：

1 西蓝花洗净，焯水后切碎；鸡蛋煮熟后取出 1/4 个蛋黄。

2 大米洗净，浸泡 30 分钟，放入锅内煮 20 分钟。

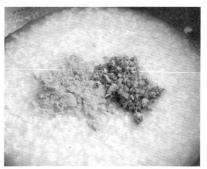

3 把西蓝花碎和蛋黄泥放入粥中，搅拌均匀后煮熟，凉温后喂给宝宝即可。

肝末鸡蛋羹

原料: 鸭肝 20 克,鸡蛋黄 1 个。

做法: ①鸭肝煮熟按压成泥,备用。②鸡蛋黄加适量温开水打匀,放入鸭肝碎搅匀,隔水蒸 7 分钟左右出锅,凉温后喂宝宝即可。

营养功效: 鸭肝含有丰富的铁元素,是很好的补血食物,和蛋黄一起食用,既能预防贫血,又能促进宝宝大脑发育。

鱼泥豆腐苋菜粥

原料: 大米 20 克,苋菜、鱼肉、豆腐各 10 克。

做法: ①豆腐洗净切丁;苋菜择洗干净,用开水焯一下,切碎。②鱼肉放入盘中,入锅隔水蒸熟,去刺,压成泥。③将大米淘洗干净,加水煮成粥,加鱼肉泥、豆腐丁与苋菜末,煮熟即可。

营养功效: 鱼肉含蛋白质、钙、磷等营养成分。苋菜含有丰富的铁、钙和维生素 K,可以增强宝宝的造血功能。

鸡毛菜面

原料: 面条 25 克,鸡毛菜 20 克。

做法: ①鸡毛菜择洗干净后,放入热水锅中烫熟,捞出凉凉后,切碎并捣成泥。②将面条掰成短小的段,放入沸水中煮熟。③起锅后加入适量鸡毛菜泥即可。

营养功效: 鸡毛菜含有丰富的钙、磷,而且维生素含量也很丰富,不但有利于宝宝的生长发育,而且能提高宝宝的免疫力。

缺铁会影响宝宝的生长发育。肝末鸡蛋羹是一道很好的补铁食谱,可满足宝宝对铁的需要。

冬瓜蛋黄羹

原料： 冬瓜 50 克，鸡蛋 1 个。

做法： ①冬瓜去皮，去瓤洗净，切碎；鸡蛋煮熟后，取蛋黄备用。②砂锅中加水煮沸，放入冬瓜碎煮熟。③蛋黄压碎，放入锅中稍煮，拌匀即可。

营养功效： 蛋黄含有大量的卵磷脂、蛋白质，易于吸收，能促进宝宝身体发育。

核桃燕麦豆浆

原料： 黄豆 30 克，核桃仁、燕麦各 15 克。

做法： ①黄豆洗净，浸泡一夜；燕麦洗净，浸泡 2 小时；核桃仁洗净，碾碎。②将所有原料倒入豆浆机中加水制作豆浆，过滤即可。

营养功效： 核桃燕麦豆浆将多种食材搭配在一起，富含蛋白质、卵磷脂、钙、B 族维生素、膳食纤维等，促进宝宝脑部发育。

番茄烂面条

原料： 儿童面条 30 克，番茄 25 克。

做法： ①番茄洗净，去皮，切碎，捣成泥。②将儿童面条掰碎，放入锅内加水煮，儿童面条煮开后，转小火，将番茄泥放入一同煮，煮至儿童面条熟烂即可。

营养功效： 番茄酸甜可口，含有一定的有机酸，有利于增进宝宝的食欲。

如何选择鱼的种类 ◆

给宝宝添加鱼泥、鱼肉，首先要选择肉质新鲜的，在选购时应注意肉质要有弹性、鱼鳃呈淡红色或鲜红色、外观完整、鳞片无脱落、无腥臭味的，在选购时，要选大小适中、活蹦乱跳的活鱼。其次要选择刺少的，如鳕鱼、黄花鱼、鲅鱼、三文鱼等。

鱼泥菠菜粥

原料: 鱼肉 20 克, 大米 30 克, 菠菜 20 克。

做法: ①将鱼肉煮熟后去皮、去刺, 捣碎成泥; 菠菜洗净, 焯烫后切碎。②大米洗净, 加水煮成粥, 然后将鱼肉泥、菠菜碎加入锅中, 煮熟即可。

营养功效: 鱼肉营养丰富, 蛋白质含量高, 且属于优质蛋白质, 钙、磷、碘等矿物质含量也很高。鱼肉还易于消化吸收。

芋头丸子汤

原料: 牛肉 20 克, 芋头 30 克。

做法: ①芋头削皮, 洗净, 切成丁。②将牛肉洗净, 切碎; 切好的牛肉末加一点点水沿着一个方向搅打上劲, 做成丸子。③锅内加水煮沸, 下入牛肉丸子和芋头丁, 煮沸后转小火煮熟, 压碎丸子喂给宝宝即可。

营养功效: 本营养餐富含蛋白质、钙、磷、铁、胡萝卜素等营养物质, 能增强宝宝的免疫力。

番茄猪肝泥

原料: 猪肝 20 克, 番茄半个。

做法: ①猪肝去筋膜, 洗净, 浸泡后煮熟, 切成碎粒, 压成泥。②番茄洗净, 放入开水中烫一下去皮, 放入碗中压成泥状; 加入猪肝泥, 搅拌成泥糊状, 上锅蒸熟即可。

营养功效: 猪肝富含铁和多种矿物质, 可预防缺铁性贫血; 番茄富含维生素 C, 能提高抵抗力。

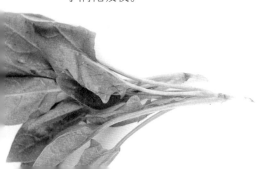

蛋黄鱼泥羹

营养功效：鱼肉中富含不饱和脂肪酸 DHA，可提高宝宝的脑细胞活力，增强记忆力、反应力与学习能力。蛋黄中的卵磷脂，也可补脑益智。

原料：鱼肉 30 克，熟蛋黄 1 个。

蛋黄鱼泥羹营养全面，能促进宝宝生长发育，并且健脑益智。

做法：

1 将熟蛋黄用勺子压成泥，备用。

2 将鱼肉放入碗中，然后上锅蒸 15 分钟，剔除皮、刺，用勺子压成泥状。

3 将鱼肉泥加适量温开水搅拌均匀，加入熟蛋黄泥，再次搅拌均匀，用小勺喂宝宝吃即可。

紫菜瘦肉粥

原料：紫菜 10 克、瘦肉 15 克，大米 20 克。

做法：①大米淘洗干净，浸泡 30 分钟；将瘦肉切成小丁；紫菜洗净，切碎。②大米加水熬成粥，加入瘦肉丁、紫菜碎，转小火再煮至瘦肉丁熟透即可。

营养功效：紫菜与瘦肉搭配，提升了粥的鲜味，并且富含蛋白质、铁、碘、钙等营养物质，有益于宝宝的身体发育。

肉末藕粥

原料：莲藕 20 克，肉末 30 克，白米粥 100 克。

做法：①莲藕洗净，去皮，切成碎末。②油锅烧热，将肉末和藕末炒熟，然后倒入白米粥煮开，拌匀即可。

营养功效：脆脆的莲藕颗粒能让宝宝体验到进食的乐趣，促进宝宝的食欲。

栗子粥

原料：栗子 5 个，大米 30 克。

做法：①将栗子去壳，洗净，煮熟之后切碎。②大米淘洗干净，用水浸泡 30 分钟。③将大米倒入锅中，加水煮成粥，再放入切碎的栗子同煮 5 分钟即可。

营养功效：栗子含有碳水化合物、维生素 C、B 族维生素等营养成分，可补充能量，促进消化。

莲藕中含有维生素和微量元素，能给宝宝身体补充营养，增强免疫力。

肉蛋羹

原料：猪里脊肉 30 克，鸡蛋黄 1 个。

做法：①猪里脊肉洗净，剁成泥。②鸡蛋黄中加入等量凉开水，打散。③加入肉泥，朝一个方向搅匀，上锅蒸 15 分钟即可。

营养功效：猪肉、鸡蛋都是人体摄取蛋白质的主要食物来源。肉蛋羹质软味美，营养丰富，可以促进宝宝发育。

豆腐羹

原料：嫩豆腐 30 克，肉汤、葱花各适量。

做法：①将豆腐和肉汤倒入锅中同煮。②在煮的过程中将豆腐捣碎，煮至豆腐熟透，撒上葱花即可。

营养功效：豆腐富含蛋白质和钙，对宝宝牙齿、骨骼的生长发育颇为有益。

土豆胡萝卜肉末羹

原料：土豆 1 个，胡萝卜半个，肉末适量。

做法：①将土豆洗净，去皮，切成小块；胡萝卜洗净，切成小块；将土豆块、胡萝卜块放入料理机，加适量水打成泥。②把胡萝卜土豆泥与肉末放在碗中拌匀，上锅蒸熟即可。

营养功效：胡萝卜含有胡萝卜素、钙、磷、钾、维生素 C 等多种营养物质，与土豆、肉末搭配，可保护视力，促进发育，提高免疫力。

宝宝长牙期如何添加辅食

8 个月左右是宝宝长牙的关键期，萌生的小牙会让宝宝感觉牙床痒痒的，总想咬些什么。此时的辅食还是以泥、羹、汤粥为主，但可以适当添加一些能够让宝宝咀嚼的食物，如面食、肉末或将蔬果切成小碎丁让宝宝能够咀嚼。

9个月宝宝发育测评表

宝宝的双腿能在扶持下站起来，有些心急的妈妈就开始让宝宝练习走路了，但过早练习可能会给宝宝造成伤害。

亲子关系
对父母更加依赖

精细动作
会有意识地模仿一些动作，如喝水、拿勺子等

社会性
在不熟悉的环境里容易害怕，对陌生人感到焦虑

喜欢模仿，扶着可以站起来
此阶段宝宝需要重点补充维生素 D、镁、卵磷脂、核苷酸，以促进骨骼和大脑的发育。

听觉
对声音的刺激特别感兴趣，知道自己的名字，并能听懂简单的词语

语言
能模仿大人发音，会用"咿咿呀呀"的声音表达自己的需求

运动
可以自如地躺下、坐起、爬行，搀扶着可以站一会儿或迈步走

视觉
能够有目的地看事物了，会有选择性地去看喜欢的事物

体重 6.7~12.9 千克
身长 65.2~80.5 厘米

体重 6.3~12.2 千克
身长 63.7~78.9 厘米

9个月宝宝作息时间表

喝奶　玩　睡　辅食

如果计划让宝宝在 1 岁后断奶，此时要开始有意识地减少母乳喂养的次数。在辅食的添加上，要增加食物的种类。宝宝已经长出 2~4 颗牙，有了咀嚼的能力，可以适当添加面条、面片、果蔬块或者肉末了。

奶和辅食的比重

这个月大部分的宝宝都开始喜欢吃辅食了，因此要减少喂奶的次数和量，适时增加辅食的量，慢慢用辅食取代母乳。现在可以让宝宝和家人一起进餐，主要是让宝宝感受和家人一起吃饭时的愉悦气氛，但是食物还是要单独制作。

新添加的辅食

宝宝已经长牙，咀嚼、吞咽能力也变强了。可以开始给宝宝增加软米饭等食物，也可以给宝宝吃些虾。吃水果时，可以把果皮削掉，切成小薄片或小块，让宝宝直接吃。

> 喝奶 3 次
> 吃辅食 3 次
> 睡觉 12~14 个小时

9 个月

宝宝满 9 个月后，已经萌出了乳牙，此时吃些稀粥、面条、蔬菜碎，可以更好地锻炼宝宝的咀嚼和吞咽能力。也可以给宝宝吃些虾泥，以补充钙质，促进骨骼生长。

3 种辅食 / 天　喝奶 3 次 / 天
食物状态
主食 70 克 / 次　汤粥、面条、面片或小块果蔬　辅食 3 次 / 天

虾泥

原料： 鲜虾 3 只。

做法： ①鲜虾洗净，去头，去壳，去虾线，剁成虾泥后，放入碗中。②在碗中加少许水，上锅隔水蒸熟即可。

营养功效： 补充蛋白质和钙质，促进生长。

番茄鸡蛋烂面条

原料： 儿童面条 30 克，番茄半个，鸡蛋 1 个。

做法： ①番茄洗净，去皮，切小块；鸡蛋取蛋黄，打散。②将儿童面条掰碎，放入开水锅中，再次煮沸后，放番茄和蛋黄液，煮熟即可。

营养功效： 助消化，调理肠胃。

疙瘩汤

原料： 面粉 30 克，鸡汤 1 碗，熟蛋黄 1 个，蕃茄丁适量。

做法： ①将面粉中加入适量水，搅成细小的面疙瘩。②将鸡汤倒入锅中，烧开后放入面疙瘩煮熟；将熟蛋黄压成泥放入，加蕃茄丁搅匀即可。

营养功效： 补充能量。

如何增加辅食品种

随着宝宝的成长，其所需的营养也越来越多，此时就要逐渐增加食材的品种了，以保证蛋白质、碳水化合物、维生素等营养物质的均衡。但此时宝宝的消化能力还不是很完善，因此要选些易消化的蔬果、肉类等食材。

香菇鱼丸汤

原料： 黄花鱼肉 50 克，香菇 2 朵，豆腐适量。

做法： ①香菇洗净，切小丁；豆腐切片；黄花鱼肉去骨、去刺，剁成泥，制成鱼丸。②锅中加水，放香菇块、豆腐片、鱼丸，煮熟。③用勺子将鱼丸压碎喂给宝宝即可。

营养功效： 提高免疫力。

鲜虾冬瓜汤

原料： 冬瓜 100 克，鲜虾 3 只。

做法： ①冬瓜去皮，洗净，切片；鲜虾去头，去壳，去虾线，洗净。②锅中加水烧开后，放入冬瓜片，冬瓜快煮熟时加入鲜虾煮熟即可。

营养功效： 补充优质蛋白质，促进宝宝生长。

翡翠汤

原料： 鸡胸肉、豆腐、西蓝花各 20 克，香菇 1 朵，蛋黄液适量。

做法： ①所有原料洗净，香菇切丝；鸡胸肉切丁；豆腐压泥；西蓝花切碎。②锅中加水，放入除蛋黄液以外的所有原料，煮沸，淋蛋黄液煮熟即可。

营养功效： 促进大脑发育。

鲜虾粥

原料： 鲜虾 3 只，大米 30 克。

做法： ①鲜虾洗净，去头，去壳，去虾线，切成小丁。②大米淘洗干净，加水煮成粥，加鲜虾丁搅拌均匀，煮3 分钟即可。

营养功效： 补钙、补锌及补充优质蛋白质。

小米胡萝卜粥

原料： 小米 30 克，胡萝卜 30 克。

做法： ①小米淘洗干净，浸泡 20 分钟；胡萝卜洗净，切丁。②将小米和胡萝卜放入锅中，加适量水，大火煮沸，转小火煮至胡萝卜软烂、小米开花即可。

营养功效： 保护视力及呼吸道，还能预防便秘。

紫菜豆腐粥

原料： 豆腐 30 克，紫菜 5 克，大米 30 克。

做法： ①大米淘洗干净，浸泡 30 分钟；将豆腐切成小丁；紫菜泡发，洗净，撕碎。②大米加水熬成粥，加入豆腐丁、紫菜碎，再转小火煮至豆腐丁熟透即可。

营养功效： 提高宝宝免疫力。

紫菜、豆腐含钙丰富，可促进宝宝骨骼发育。

丝瓜虾皮粥

原料：丝瓜 40 克，大米 30 克，虾皮适量。

做法：①丝瓜洗净，去皮，切小块；大米洗净，浸泡 30 分钟。②大米倒入锅中，加水煮成粥，将熟时，加丝瓜块和虾皮同煮，煮熟即可。

营养功效：补充钙质，适合夏季食用。

蛋黄菠菜粥

原料：菠菜 40 克，熟蛋黄 1/4 个，米饭 60 克。

做法：①菠菜择洗干净，焯水后切碎。②将熟蛋黄压成泥。③米饭熬成粥，将菠菜碎与蛋黄泥拌入即可。

营养功效：菠菜富含维生素 C、叶酸、β-胡萝卜素、钾等，此外，所含的膳食纤维还能促进宝宝排便。

苹果鸡肉粥

原料：苹果半个，鸡胸肉 30 克，香菇 2 朵，大米 50 克。

做法：①大米洗净，浸泡 30 分钟；鸡胸肉、苹果、香菇均洗净，切丁。②大米放入锅中，加水、鸡胸肉丁、苹果丁、香菇丁，小火煮熟即可。

营养功效：苹果香甜可口，可提升宝宝食欲，另外，此粥还可促进生长发育。

宝宝不爱吃某种食材怎么办

如果宝宝不爱吃某种食材，可以过几天后再喂给宝宝吃。因为随着宝宝味觉的发育及对辅食的不断适应，很多暂时不爱吃的食物，过几天后就变得爱吃了。如果过一阵子宝宝依然不肯吃，可以将这种食材与宝宝喜欢的蔬菜、肉一起煮，这样宝宝更容易接受。

白菜也可以换成宝宝喜欢的其他蔬菜。

白菜烂面条

原料： 儿童面条 30 克，白菜叶 20 克。

做法： ①将白菜洗净后用开水烫一下，捞出凉凉，切碎。②将面条掰碎，放入锅中，煮沸后，放入白菜碎，煮熟盛入碗中即可。

营养功效： 白菜富含膳食纤维，可维护肠道健康。

猪肉软面条

原料： 儿童面条 30 克，猪瘦肉末 20 克，排骨汤适量。

做法： ①儿童面条煮熟，捞出，剪成小段。②锅中放排骨汤，煮沸后将猪瘦肉末放入，煮至熟透，放入煮好的面条略煮即可。

营养功效： 补充能量，促进生长。

排骨汤面

原料： 儿童面条 30 克，排骨 50 克。

做法： ①排骨洗净，余烫后，去浮沫。②排骨放锅中，加适量水，大火烧开后，转小火炖 2 小时。③盛出排骨，放入面条煮熟，盛出，放上几块排骨肉即可。④排骨肉需要撕成小细丝喂给宝宝。

营养功效： 此汤面有强健宝宝脾胃的作用。

莜麦菜面

原料： 儿童面条 30 克，莜麦菜 20 克。

做法： ①莜麦菜择洗干净后，放入热水锅中烫熟，捞出凉凉后切碎。②将儿童面条放入沸水中煮软；起锅后盛入碗中，加入莜麦菜碎拌匀即可。

营养功效： 预防便秘。

鱼泥馄饨

原料： 鳕鱼肉 50 克，馄饨皮 10 张，芹菜 50 克，香葱末适量。

做法： ①鳕鱼肉洗净去刺，剁成泥；芹菜洗净，剁碎。②鱼泥加芹菜碎拌匀做馅，包入馄饨皮中。③锅内加水，煮沸后放入馄饨煮熟，撒上香葱末即可。

营养功效： 补充蛋白质。

冬瓜肉末面

原料： 儿童面条 30 克，冬瓜 30 克，猪瘦肉末 15 克。

做法： ①冬瓜去皮，切块，放入沸水中煮熟，备用。②将猪瘦肉末、冬瓜块及儿童面条下入开水锅中，大火煮沸，转小火煮至冬瓜熟烂即可。

营养功效： 清热解暑，补充能量。

搭配了蔬菜的鱼泥馄饨营养更丰富、均衡。

鱼泥豆腐

原料: 三文鱼肉 50 克,豆腐 80 克。

做法: ①三文鱼肉洗净,剁成泥,朝一个方向搅拌上劲;豆腐洗净,切大块。②在切好的豆腐块上铺上鱼泥,放入蒸锅,用大火蒸熟即可。

营养功效: 促进大脑和视力发育。

油菜胡萝卜鱼丸汤

原料: 油菜 20 克,鳕鱼肉 50 克,胡萝卜半根。

做法: ①鳕鱼肉去刺,剁成泥,制成鱼丸;油菜择洗干净,剁碎;胡萝卜洗净,切丁。②锅内加水,煮沸后放入胡萝卜丁、油菜碎、鱼丸煮熟即可。③用勺子将鱼丸压碎喂给宝宝吃即可。

营养功效: 提高脑细胞活力。

苋菜粥

原料: 苋菜 40 克,大米 30 克,紫菜 5 克。

做法: ①苋菜洗净,焯烫后切碎;大米洗净,浸泡 30 分钟;紫菜泡发后洗净掰开。②锅中加适量清水煮开后,放入大米煮沸,放入紫菜碎转小火煮至粥熟,加入苋菜碎,稍煮即可。

营养功效: 苋菜粥含有丰富的碳水化合物,且颜色鲜艳,可提升宝宝食欲。

苋菜有清热解毒、通利大便的作用,适合便秘的宝宝食用。

虾仁豆腐

原料： 豆腐 50 克，虾仁 5 个。

做法： ①豆腐洗净，切丁；虾仁去虾线，洗净，切丁。②锅中放入清水烧开，放入豆腐丁煮熟，再放入虾仁丁煮熟即可。

营养功效： 增强体质，助力长高。

雪梨大米粥

原料： 雪梨 150 克，大米 30 克。

做法： ①雪梨去核，洗净，切块；大米洗净，浸泡 30 分钟。②锅中加水烧开，放入雪梨块小火煮沸，滤出杂质，取雪梨汁。③锅中重新加入适量水烧开后，倒入雪梨汁、大米，大火煮沸，转小火，煮至米烂即可。

营养功效： 雪梨香甜可口，还有润肺清燥的作用。

青菜豆腐汤

原料： 青菜 50 克、豆腐 40 克，香油适量。

做法： ①青菜洗净，入水焯一下，挤去水分，用料理机搅碎；豆腐切碎。②加清水，放入豆腐，大火煮开后加入青菜碎，加少许香油调味即可。

营养功效： 补充蛋白质及维生素，增强体质。

怎样让宝宝接受肝泥的味道

在给宝宝制作肝泥的时候，首先要挑选颜色鲜亮、肝面平滑有光泽的新鲜肝脏；其次在烹饪前可以取少量花椒放在水中，将肝脏在花椒水中浸泡 30 分钟；最后要去除肝脏上的筋膜，以减少肝脏的腥膻味。

10个月宝宝发育测评表

宝宝已经能借助外力行走，当宝宝四处活动时，要教会他远离可能对他造成伤害的东西，比如，插座、药品等。

亲子关系
依赖父母

社会性
见到陌生人不再害怕，会观察爸爸妈妈的表情

精细动作
可以自如地伸展手指，抓握东西，开始喜欢扔东西

**能迅速爬行，
扶着能走两步了**
此阶段的宝宝需要重点补充膳食纤维和铁，以促进肠胃的功能，并预防贫血。

语言
进入语言学习的快速增长期，会说一些单音节的词语

听觉
能听懂部分爸爸妈妈说话的意思

运动
能够独立站立，并能扶着床栏或妈妈的手蹒跚行走

视觉
喜欢看各种各样的东西，尤其是画册上的人物和动物

体重 6.9~13.3 千克
身长 66.4~82.1 厘米

体重 6.5~12.5 千克
身长 64.9~80.5 厘米

10个月宝宝作息时间表

🍼喝奶　🧸玩　🛏睡　🍲辅食

这个时期的宝宝处于生长发育的高峰期，营养补充要均衡，应该适当增加辅食量而慢慢减少喂奶的量。此时宝宝的睡眠时间和上个月差别不大，白天睡一两觉，睡眠时间主要是晚上，并且睡眠更深了。此时，爸爸妈妈可以协助宝宝建立良好的睡眠习惯。

奶和辅食的比重

宝宝辅食的品种越来越多了，小家伙也越来越喜欢辅食的味道了。如果想要断奶，现在可以开始进行了，先试着慢慢减少母乳量，适当增加辅食量，看看宝宝是否适应，然后逐渐实现断奶。

新添加的辅食

现在可以给宝宝吃些稠粥、软米饭等辅食了，让宝宝逐渐接受固体食物，同时也能锻炼宝宝的咀嚼能力。每次摄入的量不宜过多，以免宝宝消化不了。

" 喝奶 3 次
吃辅食 3 次
睡觉 13 个小时 "

10 个月

大部分宝宝到了 10 个月，会长出 2 颗至 4 颗牙齿，他们已经不满足于吃软软的、没有硬度的食物了。饼干、面包、馒头、软米饭……可以嚼着吃的食物会更受宝宝的青睐。

3 种辅食/天　喝奶 3 次/天

食物状态
稠粥、稍软的
固体食物

辅食 80 克/次　辅食 3 次/天

百宝豆腐羹

原料： 豆腐 30 克，香菇 2 朵，虾仁 3 只，菠菜 1 棵，鸡汤适量。

做法： ①虾仁去虾线，洗净，剁成泥；香菇洗净，切丁；菠菜洗净，焯水，切末；豆腐压成泥。②鸡汤入锅，煮沸后放入所有原料煮熟即可。

营养功效： 预防营养不良。

平菇蛋花汤

原料： 平菇 50 克，小白菜 2 棵，蛋黄液适量。

做法： ①平菇、小白菜均洗净，切碎。②将油锅烧热，倒入平菇碎炒熟。③锅内倒适量水，煮沸后倒入小白菜碎，淋入蛋黄液煮熟即可。

营养功效： 促进大脑发育。

燕麦南瓜粥

原料： 燕麦片 30 克，大米 50 克，南瓜 50 克。

做法： ①大米洗净，泡 1 小时；南瓜洗净，削皮，切块。②大米放锅中，加水煮成粥后放入南瓜块，小火煮 10 分钟，再加入燕麦片，煮熟即可。

营养功效： 预防便秘。

怎样锻炼宝宝的咀嚼能力

适当给宝宝吃些含有膳食纤维的食物，如土豆、海带、小白菜、菠菜、芹菜等，可以促进咀嚼肌的发育，并有利于宝宝牙齿和下颌的发育，还能促进胃肠蠕动，增强胃肠消化功能，防止便秘。但在食物制作过程中要细、软、烂，以便于宝宝的消化吸收。

小白菜土豆汤

原料： 小白菜 3 棵，土豆半个，猪瘦肉末 20 克。

做法： ①小白菜洗净，切碎；土豆去皮，洗净，切丁。②锅中放适量水，煮沸后下土豆丁，再次煮沸后，放入猪瘦肉末煮熟，最后放小白菜碎略煮即可。

营养功效： 补充膳食纤维。

肉末海带羹

原料： 海带 30 克，猪瘦肉末 20 克，水淀粉适量。

做法： ①海带洗净，剁碎，混入猪瘦肉末拌匀。②锅中加水煮沸后，放入肉末海带，边煮边搅拌，至海带软烂，最后加水淀粉勾芡即可。

营养功效： 补充蛋白质和碘。

珍珠三鲜汤

原料： 鸡胸肉末、豌豆、番茄丁、胡萝卜丁各 20 克，蛋黄液适量。

做法： ①鸡胸肉末中加入蛋黄液，朝一个方向搅拌上劲，制成鸡肉丸子。②锅中加适量水，放入番茄丁、胡萝卜丁、豌豆、鸡肉丸煮熟即可。

营养功效： 补充多种营养物质，增强免疫力。

小米芹菜粥

原料：芹菜 30 克，小米 40 克。

做法：①小米洗净，加水放入锅中，熬成粥。②芹菜洗净，切成丁，在小米熟时放入，再煮 3 分钟即可。

营养功效：促进神经系统发育。

什锦蔬菜粥

原料：大米 30 克，芹菜丁、胡萝卜丁、黄瓜丁、玉米粒各 10 克。

做法：①大米洗净，浸泡 30 分钟。②将大米放入锅中，加适量水，煮成粥；粥将熟时，放胡萝卜丁、芹菜丁、黄瓜丁、玉米粒煮熟即可。

营养功效：预防便秘。

三色粥

原料：大米、黑米、小米、山药丁各 20 克，百合 10 克。

做法：①大米、黑米、小米洗净；百合泡发，掰成小瓣。②锅中加水，煮沸后放大米、黑米、小米，熬煮成粥，再放入山药丁、百合瓣，转小火煮熟即可。

营养功效：提供能量。

 怎样给宝宝添加油脂 ✦

宝宝的成长发育需要油脂中的脂肪酸参与。满 6 个月后到 1 岁前，在宝宝适应了肉类食物中自带的少量脂肪后，可以再摄入适量油脂。橄榄油是优质选择，在为宝宝制作辅食时加一点橄榄油，更有利于营养的吸收。

橄榄油富含单不饱和脂肪酸，适合宝宝食用。

绿豆莲子粥

原料： 绿豆、小米、莲子各 20 克。

做法： ①绿豆、莲子、小米洗净，浸泡 1 小时。②将绿豆、莲子、小米放入锅中，加适量水熬成粥即可。

营养功效： 促进消化吸收。

紫菜芋头粥

原料： 紫菜 5 克，芋头 1 个，油菜 10 克，大米 30 克。

做法： ①紫菜洗净，撕碎；芋头洗净，煮熟，去皮，压成泥；油菜洗净切丝。②大米洗净放入锅中，加水煮至黏稠，加紫菜碎、芋头泥、油菜丝略煮即可。

营养功效： 补充能量，预防便秘。

蛋黄碎牛肉粥

原料： 大米、牛肉末各 30 克，蛋黄液、香葱末各适量。

做法： ①油锅烧热，放牛肉末和香葱末炒熟，盛出备用。②大米洗净，加适量水，煮成粥，将熟时，放蛋黄液、炒好的牛肉末略煮即可。

营养功效： 补充能量和蛋白质，促进生长发育。

紫菜芋头粥含有丰富的铁、蛋白质、维生素、膳食纤维、钙、磷、烟酸等营养素。

南瓜软饭

原料: 大米 50 克, 南瓜 30 克。

做法: ①大米洗净, 放入锅中, 倒入少量水, 中火熬煮 30 分钟。②南瓜洗净, 去皮, 切小丁, 放入锅中, 再煮 10 分钟即可。

营养功效: 补充胡萝卜素, 保护呼吸系统。

豆腐软饭

原料: 大米 20 克, 油菜 10 克, 豆腐 25 克, 排骨汤适量。

做法: ①大米洗净, 加水, 蒸成稍软的饭; 油菜择洗干净, 切末; 豆腐切末。②将米饭放入锅中, 加入适量排骨汤煮沸, 再放入豆腐末、油菜末, 煮至软烂即可。

营养功效: 补充多种营养素。

油菜软饭

原料: 大米 30 克, 油菜 20 克, 鸡汤适量。

做法: ①大米洗净, 加水, 蒸成稍软的饭; 油菜择洗干净, 切末。②将煮好的米饭放入锅内, 加入适量鸡汤煮开, 加入油菜末, 煮至软烂即可。

营养功效: 补充维生素C和膳食纤维。

南瓜丁煮熟后会变得很软, 锻炼宝宝吃固体食物时, 可以先从这样的食物开始练习。

蔬菜虾蓉饭

原料: 鲜虾 3 只，番茄丁、芹菜丁、香菇丁各 15 克，软米饭 1 碗。

做法: ①鲜虾去壳、去虾线，洗净，剁成虾蓉后蒸熟。②把所有蔬菜丁加水煮熟，与虾蓉一起浇在煮好的软米饭上即可。

营养功效: 提供多种营养素，增强宝宝免疫力。

番茄肉末面

原料: 儿童面条 30 克，猪瘦肉末 10 克，番茄丁、蛋黄液各适量。

做法: ①油锅烧热，放番茄丁稍炒；再放猪瘦肉末，炒至变色，加水略煮，放入儿童面条煮熟。②将蛋黄液淋在面中，煮至熟透即可。

营养功效: 促进消化，增强肠胃功能。

牛肉面

原料: 儿童面条 40 克，牛肉 30 克，香菜末、牛肉汤各适量。

做法: ①将儿童面条煮熟，捞出备用。②牛肉洗净，切小颗粒。③将牛肉汤煮开，加牛肉粒煮熟，浇在煮熟的面条上，最后撒上香菜末即可。

营养功效: 增强体能。

怎么做软米饭更好吃

软米饭的米、水比例在 1 : 2.5 至 1 : 3 之间，煮出的饭硬度介于稠粥和米饭之间。减少淘洗次数，可减少维生素的流失，饭香浓郁，营养价值也高。还可以在软米饭快煮熟时，加些碎菜、碎肉，营养更丰富。

炒蛋黄时要少放油。

什锦豆腐

原料: 虾仁 2 只,豆腐丁、香菇丁各 20 克,豌豆、香葱末各适量。

做法: ①虾仁去虾线,洗净,切丁; 豆腐丁、豌豆、香菇丁分别焯水。 ②锅中加水煮沸,放豆腐丁、香菇 丁、虾仁丁、豌豆煮熟,撒上香葱 末即可。

营养功效: 促进骨骼发育。

番茄炒鸡蛋

原料: 鸡蛋 1 个,番茄 1 个。

做法: ①将番茄洗净,用开水烫一 下,去皮,切丁;鸡蛋取蛋黄打散备 用。②油锅烧热,倒入蛋黄液,凝 固后翻炒成小块,放入番茄丁翻炒, 出汤后收汁即可。

营养功效: 促进神经系统发育。

鸡蓉豆腐球

原料: 鸡腿肉 30 克,豆腐 50 克,胡 萝卜末适量。

做法: ①鸡腿肉、豆腐洗净,剁泥, 与胡萝卜末搅拌均匀。②将混合 泥捏成小球,放沸水蒸锅中蒸 20 分钟,食用时可以分成方便宝宝进 食的大小即可。

营养功效: 增进食欲,补充蛋白质、 胡萝卜素。

怎样缓解宝宝出牙时的不适 ✦

给宝宝吃磨牙棒可以缓解宝宝出牙引起的牙龈不适。妈妈可以在家 自制磨牙棒,除了把苹果、桃子等水果切小块给宝宝磨牙外,也可以 把各种硬些的蔬菜切成小条制成磨牙棒,比如,红薯干、紫薯干等。 脆嫩的磨牙棒适合刚开始长牙的宝宝,也相对安全。

西蓝花土豆饼

原料： 土豆、西蓝花各 20 克，面粉 40 克，配方奶 50 毫升。

做法： ①土豆去皮，洗净，切丝；西蓝花洗净，切碎；将土豆丝、西蓝花碎、面粉、配方奶搅匀。②将面糊倒入煎锅中，煎成饼，食用时切小块即可。

营养功效： 补充体力。

红薯干

原料： 红薯 1 个。

做法： ①红薯去皮，洗净，切成粗条状。②将切好的红薯条上锅蒸熟，晒干即可。

营养功效： 促进长牙，预防便秘。

鸡蛋胡萝卜磨牙棒

原料： 面粉 50 克，胡萝卜半根，蛋黄液适量。

做法： ①胡萝卜洗净，蒸熟压成泥。②蛋黄液、面粉、胡萝卜泥、水混合揉成面团。③面团擀成 0.5 厘米厚的长方形，切条，放入烤箱烤至微黄即可。

营养功效： 锻炼咀嚼能力。

鸡蛋胡萝卜磨牙棒不仅能锻炼咀嚼能力，而且胡萝卜含有的胡萝卜素能维护宝宝的眼部健康。

11个月宝宝发育测评表

宝宝能扶着东西走路了，虽然有些东倒西歪，但很快就会走得稳健，注意将家里所有的危险因素都消除掉，比如，将尖利的桌角包上边等。

亲子关系
依然依赖父母

精细动作
能按顺序抓起桌面上的物体，并能抓住笔在纸上乱涂

社会性
与人的交往能力不断增强，并会模仿成人的举动

更加活跃，牵着手或扶着东西可以走路了
此阶段的宝宝需要重点补充碳水化合物和维生素 A，以增强抵抗力，为断奶做准备。

语言
会说"爸爸""妈妈"等简单的词语；能反复说会说的词

听觉
能分辨来自上、下、侧边等方位的声源；喜欢有声音的玩具

运动
能牵着大人的手或扶着东西走路了，有的宝宝还会转弯

视觉
可以在图画书上认出喜欢的图片、物品了

体重 7.0~13.7 千克
身长 67.5~83.6 厘米

体重 6.7~12.9 千克
身长 66.1~82.0 厘米

11个月宝宝作息时间表

🍼 喝奶　🧸 玩　🛏 睡　🍲 辅食

这个月龄是宝宝身体生长较迅速的时期。这个阶段的宝宝已经或即将断母乳了，饮食结构会有较大的变化，但还应给予充足的乳品，以保证钙的供给。除此之外，为适应宝宝身体的需要，要注重碳水化合物、维生素 E、维生素 A、硒的补充。

奶和辅食的比重

这个月已经可以给宝宝断奶了，如果还没有断奶，仍然可以继续每天吃 3 次奶，再吃 3 次辅食。

新添加的辅食

现在，除了汤粥外，可以适当多给宝宝添加些易咀嚼、易消化吸收的固体食物。在食材的种类上也可以更加丰富，在辅食的制作上要注意变换花样。

" 喝奶 3 次
吃辅食 3 次
睡觉 13 个小时 "

11 个月

为了锻炼宝宝的咀嚼和吞咽能力，可以多给宝宝制作一些固体食物，比如，软米饭、蔬菜丁等。值得注意的是，不能给宝宝吃油炸和易过敏的食物，所选的食材最好是当季的。

食物状态
稍软的固体食物

多种辅食
喝奶 3 次/天
辅食 3 次/天
菜肴 100 克/次

时蔬浓汤

原料： 黄豆芽 30 克，番茄 1 个，土豆 20 克，鸡汤适量。

做法： ①黄豆芽择洗干净；土豆、番茄洗净，去皮，切丁。②锅中加入鸡汤和水煮沸后放入所有蔬菜，大火煮沸后，转小火熬至浓稠即可。

营养功效： 补充维生素和膳食纤维。

五色紫菜汤

原料： 豆腐 50 克，竹笋 10 克，菠菜1 棵，香菇 2 朵，紫菜末适量。

做法： ①豆腐洗净，切块。②香菇、竹笋洗净，焯水，切丝；菠菜洗净，焯水，切碎。③另取一锅加水煮沸，下所有原料，煮熟即可。

营养功效： 提高免疫力。

排骨白菜汤

原料： 排骨 100 克，白菜 50 克，香菜段适量。

做法： ①排骨洗净，余水去浮沫；白菜洗净，切丝。②锅中放适量水，加排骨，煮沸后转小火炖至熟烂，放白菜丝略煮，出锅前撒上香菜段即可。

营养功效： 预防便秘，促生长发育。

怎么预防宝宝挑食、厌食

要注意培养宝宝良好的饮食习惯，少给宝宝吃零食，以免打乱宝宝的饮食规律。增加宝宝的活动量，促进食欲。重视食物品种的多样化，每种菜不要连续重复做，可以把多种食材混合制作给宝宝吃。

香菇大米粥

原料： 香菇 1 朵，大米 30 克。

做法： ①香菇洗净，切碎；大米淘洗干净，加水煮成粥。②炒锅放油烧热，放入香菇碎快速翻炒，炒至熟烂，将炒好的香菇倒入煮好的粥中即可。

营养功效： 补充能量。

玉米鸡丝粥

原料： 鸡胸肉 40 克，大米 50 克，熟玉米粒 20 克，芹菜 10 克。

做法： ①芹菜洗净，切丁；大米淘洗干净，加水煮成粥；鸡胸肉洗净，切丝，放入粥内同煮。②粥熟时，加入玉米粒和芹菜丁，稍煮片刻即可。

营养功效： 促进消化，增强免疫力。

什锦水果粥

原料： 大米、草莓丁、哈密瓜丁、苹果丁各 30 克，香蕉半根。

做法： ①大米洗净，浸泡 30 分钟；香蕉去皮，切丁。②大米加水煮成粥，熟时加入苹果丁、香蕉丁、哈密瓜丁、草莓丁稍煮即可。

营养功效： 开胃，增加食欲。

肉松饭团

原料： 软米饭 100 克，猪肉松 20 克，海苔 2 片。

做法： ①将猪肉松包入软米饭中，揉搓成饭团。②海苔搓碎，放在小碗中，然后放入饭团滚几下即可。

营养功效： 促进胃肠蠕动。

什锦烩饭

原料： 牛肉 20 克，大米 50 克，熟蛋黄 1 个，胡萝卜、土豆、青豆各适量。

做法： ①将牛肉洗净切碎；胡萝卜、土豆削皮，洗净，切碎；青豆洗净；大米洗净。②将大米、牛肉碎和蔬菜放入锅中，加水焖熟，加熟蛋黄搅拌均匀即可。

营养功效： 促进食欲。

海鲜炒饭

原料： 米饭 50 克，虾仁 5 个，墨鱼仔 1 只，干贝碎 10 克，蛋黄液适量。

做法： ①虾仁去虾线，洗净；墨鱼仔洗净，切丁；干贝碎洗净，泡发；蛋黄液煎成蛋皮，切丝，码在盘子周围。②油锅烧热，将墨鱼丁、干贝碎、虾仁拌炒，加米饭炒匀即可。

营养功效： 提供优质蛋白质和能量。

怎样纠正宝宝爱吃肉不爱吃菜的习惯

宝宝太偏好肉类而不爱吃蔬菜等其他食物，容易营养失衡。做饭时可尽量把肉和蔬菜混合，并把肉切碎；把肉和蔬菜放在一起熬煮，使蔬菜混合有肉的香气，提高宝宝对蔬菜的接受度。变换不同的口味和花样也容易激发宝宝的食欲。

丸子面

原料：儿童面条 50 克，猪瘦肉末 50 克，木耳碎、黄瓜片各适量。

做法：①猪瘦肉末加水朝一个方向搅成泥状，挤成肉丸。②将面条煮熟，捞出备用；将肉丸、木耳碎、黄瓜片放入沸水中煮熟，放入面中即可。

营养功效：促生长，提升抵抗力。

玉米肉末炒面

原料：儿童面条 50 克，猪瘦肉末 30 克，玉米粒 30 克，洋葱粒适量。

做法：①将玉米粒、面条分别煮熟。②油锅烧热，放肉末、玉米粒，翻炒片刻，盛出。③烧热锅内余油，放面条、玉米粒、肉末、洋葱粒翻炒至全熟即可。

营养功效：提供多种营养。

油菜肉末煨面

原料：儿童面条 50 克，猪瘦肉末 30 克，油菜 20 克，香菇 2 朵，虾皮适量。

做法：①油菜洗净，切成小段；香菇洗净，切丝。②锅中加适量水煮沸，加猪瘦肉末、香菇丝、油菜段煮熟后，下入儿童面条、虾皮煮熟即可。

营养功效：营养均衡，促消化吸收。

油菜肉末煨面不仅能为宝宝补充能量，而且可以增强免疫力。

鸡汤馄饨

原料：鸡腿肉 50 克，小白菜 2 棵，馄饨皮 10 张，鸡汤、香葱末各适量。

做法：①小白菜择洗干净，切成碎末；鸡腿肉洗净，剔除骨头，剁碎；将小白菜末和鸡腿肉末拌匀，做成馅。②馅料放入馄饨皮里，包成馄饨。③锅中倒鸡汤煮沸，下入馄饨，煮熟时撒上香葱末即可。

营养功效：补充蛋白质。

鲅鱼馄饨

原料：鲅鱼肉 50 克，馄饨皮 10 张，小白菜 2 棵，香菜适量。

做法：①鲅鱼肉洗净，去刺，剁成泥；小白菜、香菜分别洗净，切碎；将鱼泥、小白菜末混合做馅，包入馄饨皮中。②锅内加水，煮沸后放入馄饨煮熟，撒上香菜即可。

营养功效：促进骨骼发育。

鲜汤饺子

原料：白菜 30 克，鸡蛋 1 个，猪瘦肉末 50 克，饺子皮 10 张，排骨汤、香葱末各适量。

做法：①白菜洗净，剁碎，用纱布挤出部分水分；鸡蛋取蛋黄打散，炒熟。②将白菜碎、炒熟的鸡蛋碎与猪瘦肉末混合做成馅；用饺子皮包成饺子。③排骨汤煮沸，下饺子，出锅前撒适量香葱末即可。

营养功效：补充均衡营养。

鸡汤馄饨中富含维生素、钙、蛋白质等营养成分，有增体力的作用。

南瓜发糕

原料：南瓜 100 克，糯米粉 200 克。

做法：①南瓜去皮，去子，洗净，蒸熟，用料理机搅打成泥，加糯米粉和成面团。②把面团分几小份，分别做成饼坯，将饼坯擀压成饼状，上锅蒸 20 分钟即可。

营养功效：补充胡萝卜素。

蒸鱼丸

原料：鲅鱼肉 50 克，胡萝卜半根，莲藕、排骨汤、水淀粉各适量。

做法：①鲅鱼洗净，去刺，剁成鱼蓉，加水淀粉拌匀，做成鱼丸。②鱼丸上锅蒸熟；将胡萝卜、莲藕洗净，切碎粒，放排骨汤中煮软烂，加水淀粉勾芡，浇在鱼丸上即可。

营养功效：促进大脑发育。

什锦鸭羹

原料：鸭肉 50 克，香菇 1 朵，青笋 20 克。

做法：①将鸭肉、香菇、青笋全部洗净，切成小丁，焯水后再洗净。②锅中放入清水，烧沸后放入所有原料，煮至鸭肉软烂即可。

营养功效：补充蛋白质、维生素等多种营养物质。

怎样让宝宝好好吃饭 ✦

这个阶段，应该鼓励宝宝自己拿勺吃，别怕他弄脏地板或衣服。可以给他围上围嘴，在餐桌上铺上桌布。要给宝宝固定的餐桌、餐椅，让他知道这是吃饭的地方。别在吃饭的时候逗宝宝玩，吃饭时间要规律。辅食要注意色、香、味、形的搭配。

12个月宝宝发育测评表

宝宝进入学步期，开始尝试着自己独立行走。此时宝宝走路还不稳，但是小家伙一刻也不闲着，需要做好保护。

亲子关系
对亲人，特别是对妈妈十分依恋

社会性
开始喜欢跟小朋友玩，可以识别熟悉的人和物体的名字

精细动作
能用手捏起小东西；可以认识图画，指出所要找的动物、人

开始练习行走
这个阶段的宝宝正处于学步期，活动量较大，应注重补充碳水化合物，以补充体力。

语言
喜欢模仿动物的声音；能把语言和动作结合起来

听觉
喜欢听节奏感强的音乐；能够跟随音乐做出有节奏的动作

运动
能自由地转动身体，能独立站立，推着小车能向前行走

视觉
能够区分颜色，会指认出家长告诉他的某种颜色

 体重 7.2~14.0 千克
身长 68.6~85.0 厘米

 体重 6.8~13.2 千克
身长 67.2~83.4 厘米

12个月宝宝作息时间表

🍼 喝奶　🧸 玩　🛏 睡　🍲 辅食

宝宝这一阶段喂养的原则是营养全面，以保证生长发育的需要。此外大多数的宝宝已经或即将断母乳了，食品结构会有较大的变化，充足的维生素A、硒等营养成分可以提高宝宝的免疫力。

奶和辅食的比重

宝宝断奶后还应该喝配方奶，每天早晚各1次即可，尤其是晚上的奶一定要让宝宝喝饱。辅食现在已经是宝宝的"正餐"，因此，需要格外注意食材多样化，营养全面、均衡。

新添加的辅食

现在宝宝能吃的食物越来越丰富，以前不建议食用的蛋清，在这个时候可以少量添加。如果宝宝对辅食兴趣降低，可以少量添加盐或酱油来调味。

❝ 喝奶 2~3 次
吃辅食 3~4 次
睡觉 12 个小时 ❞

12 个月

现在宝宝能吃全蛋了，每天 1 个即可。辅食制作要花样翻新，以防宝宝偏食。饮食仍要注意营养均衡，增加固体食物，但还是要以清淡、易消化为原则。

辅食 100~150 克/次

辅食 3~4 次/天

食物状态
蛋饼等稍软的
固体食物

喝奶 2~3 次/天

加水量为蛋液 1.5 倍时，蒸出的鸡蛋羹口感更嫩滑。

鸡蛋羹

原料：鸡蛋 1 个，香油适量。

做法：①将鸡蛋打入碗中，加适量温开水搅匀。②碗上盖上一层保鲜膜，上面用牙签扎孔；冷水入锅，中火蒸 15 分钟。③取出蛋羹，滴少许香油调味即可。

营养功效：促进生长发育。

菠菜猪血汤

原料：猪血 50 克，菠菜 20 克。

做法：①菠菜洗净，切段，焯水；猪血冲洗干净，切小块，余水。②把猪血放入沸水锅内稍煮，再放入菠菜段煮沸即可。

营养功效：预防缺铁性贫血。

三味蒸蛋

原料：鸡蛋 1 个，豆腐 30 克，土豆、胡萝卜各半个。

做法：①豆腐、土豆洗净，蒸熟，压成泥；胡萝卜洗净，榨汁；鸡蛋打散。②将准备好的所有原料倒入蛋液中搅匀；蒸锅蒸 10~15 分钟即可。

营养功效：促进骨骼发育。

给宝宝添加鸡蛋的量多少合适

宝宝能吃全蛋了，有的家长认为鸡蛋营养丰富，而且烹饪方法多样，于是每天给宝宝吃 2 个或 2 个以上的鸡蛋。其实这样会适得其反，现在宝宝的消化能力还比较弱，吃过多鸡蛋容易引起消化不良。因此，每天或隔天吃 1 个鸡蛋即可。

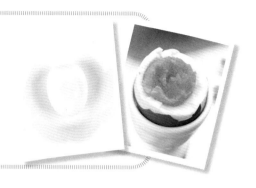

紫菜鸡蛋汤

原料：紫菜 10 克，鸡蛋 1 个，香葱末适量。

做法：①紫菜洗净，撕碎；鸡蛋打散。②锅内加水煮沸后，下紫菜末，煮 2 分钟，淋入蛋液煮熟即可盛出，凉温喂宝宝即可。

营养功效：增强记忆力。

虾皮鸡蛋羹

原料：鸡蛋 1 个，小白菜 2 棵，虾皮、香油各适量。

做法：①温水泡软虾皮，切碎；小白菜洗净，略烫，切碎。②将虾皮、小白菜碎、打散的蛋液、适量温开水混合搅匀。③上锅蒸熟，淋上香油即可。

营养功效：补钙，增强体质。

豆腐瘦肉羹

原料：豆腐 50 克，猪瘦肉末 30 克，鸡蛋 1 个，水淀粉适量。

做法：①豆腐切块；猪瘦肉末炒熟；鸡蛋蒸熟，切碎丁。②锅中放水，煮沸后放豆腐块、猪瘦肉末、鸡蛋丁煮熟，水淀粉勾芡即可。

营养功效：健脑益智。

蛋花粥

原料：小米 30 克，鸡蛋 1 个，配方奶适量。

做法：①小米洗净，浸泡 1 小时；鸡蛋打散，备用。②小米加水煮开，加配方奶煮至米粒熟烂时，倒入鸡蛋液，搅拌均匀，煮熟即可。

营养功效：促进消化吸收。

鹌鹑蛋排骨粥

原料：大米、排骨各 50 克，熟鹌鹑蛋 2 个。

做法：①排骨洗净，切段，余烫，去血沫，煮熟后放凉，取肉切碎；熟鹌鹑蛋去壳，切块。②大米洗净，加水煮粥，半熟时，放碎排骨肉及鹌鹑蛋块，煮熟即可。

营养功效：补充优质蛋白质。

干贝瘦肉粥

原料：大米 50 克，猪瘦肉末 20 克，干贝 10 克。

做法：①干贝洗净，温水泡 12 小时，切碎丁；大米洗净。②锅置火上，放入大米、干贝碎、猪瘦肉末，加适量水煮沸，转小火煮至粥熟即可。

营养功效：补锌，促进生长发育。

 怎样给宝宝添加盐

一般 9 个月以内的宝宝，辅食中无须添加盐；9 个月以后，1 岁以内的宝宝可适当在辅食中放些虾皮、紫菜、淡菜等，这些食物中含有一定的盐，可以增加辅食的味道。宝宝 1 岁后就可以少量添加盐了，但一餐中的盐不宜超过 0.5 克，最好在快出锅时放盐。

番茄烩肉饭

原料：米饭 50 克，鸡腿肉末、番茄丁各 20 克，胡萝卜丁、青椒丁各 10 克，鸡汤适量。

做法：①油锅烧热，依次放入鸡腿肉末、番茄丁、胡萝卜丁、青椒丁、米饭翻炒。②加入鸡汤，煮片刻即可。

营养功效：增强体力。

番茄烩肉饭可以促进胃酸分泌，加速对食物的消化和吸收，具有健脾开胃的功效。

五彩肉蔬饭

原料：大米 50 克，鸡胸肉丁、胡萝卜丁、香菇丁、青豆各 20 克。

做法：①大米、青豆均洗净。②将大米、青豆、鸡胸肉丁、胡萝卜丁、香菇丁放入电饭煲内，加水蒸熟即可。

营养功效：增强免疫力。

虾仁蛋炒饭

原料：米饭 50 克，鸡蛋 1 个，香菇 2 朵，虾仁 5 只，胡萝卜块适量。

做法：①鸡蛋打散，倒入米饭中拌匀；香菇洗净，切丁；虾仁去虾线，洗净。②油锅烧热，放米饭炒至米粒松散，放虾仁、胡萝卜块、香菇丁，炒熟即可。

营养功效：营养均衡，促生长。

西葫芦鸡蛋饼

原料: 西葫芦半个, 面粉 50 克, 鸡蛋 1 个。

做法: ①鸡蛋打散; 西葫芦洗净, 擦丝。②将西葫芦丝、鸡蛋液倒入面粉里, 加适量水拌成面糊。③面糊倒入热油锅中摊成薄饼, 煎至两面金黄即可。

营养功效: 提高免疫力。

鱼蛋饼

原料: 鳕鱼肉 75 克, 鸡蛋 1 个, 番茄酱适量。

做法: ①鳕鱼肉煮熟, 压碎; 鸡蛋打散, 加入鱼肉碎搅拌均匀。②烧热油锅, 倒入鱼肉蛋液, 摊成圆饼状, 煎至两面金黄, 盛盘切块, 淋入番茄酱即可。

营养功效: 健脑益智, 促进发育。

法式薄饼

原料: 面粉 50 克, 鸡蛋 1 个, 核桃粉、芝麻粉、香葱末各适量。

做法: ①在面粉中加入打散的鸡蛋、核桃粉、芝麻粉、香葱末, 用水调成面糊状。②烧热油锅, 倒入面糊, 摊成薄饼, 煎至两面金黄, 盛盘切块即可。

营养功效: 健脑益智, 预防便秘。

怎样掌握宝宝摄入的固体食物的比重

宝宝 1 岁左右时, 固体食物约占其营养来源的 50%。此时, 宝宝要多食用固体食物, 这是对宝宝咀嚼能力的一种锻炼, 能使牙龈结实, 利于牙齿生长。可以给宝宝做些蔬菜饼、水果饼、小包子、小饺子等, 不仅营养丰富, 还能训练咀嚼能力。

香菇通心粉

原料： 通心粉 50 克，土豆半个，胡萝卜半根，香菇 2 朵，盐适量。

做法： ①土豆去皮，洗净，切丁；胡萝卜洗净，切丁；香菇洗净，切成薄片。②土豆丁、胡萝卜丁、香菇片分别放入锅中，加水煮熟，捞出。③锅中加水烧开，放入通心粉，调入盐，煮熟后捞出；在通心粉上放上土豆丁、胡萝卜丁、香菇片即可。

营养功效： 均衡营养，促进发育。

彩色小饺子

原料： 紫甘蓝、菠菜、面粉各 300 克，胡萝卜 1 根，鸡肉香菇馅 200 克。

做法： ①把所有蔬菜洗净，切小块，用榨汁机榨成汁；蔬菜汁分别和面，和好后分割成小剂子，擀成皮；皮上放馅料，捏成小饺子。②锅内水烧开，将包好的饺子下入其中，煮开后加冷水，反复 3 次即可。

营养功效： 彩色小饺子营养均衡，色彩多样，促进食欲。

虾皮白菜包

原料： 小白菜 50 克，鸡蛋 1 个，包子皮、虾皮各适量。

做法： ①鸡蛋打散备用。②油锅烧热，放入虾皮炒香，再将鸡蛋液倒入搅碎炒熟；小白菜洗净，切末，挤出水分，放入虾皮鸡蛋中翻炒，制成包子馅。③将馅料包入包子皮中，上笼屉蒸熟即可。

营养功效： 补钙，促生长。

香菇通心粉可以补充镁元素，促进骨骼生长，增强免疫力。

油菜鱼片

原料： 油菜 30 克，鲈鱼肉 100 克，豆腐 20 克，鱼汤适量。

做法： ①油菜洗净，切段；鲈鱼肉洗净，去刺，切片；豆腐冲洗，切片。②锅内加鱼汤，放入油菜烧开，投入鱼片、豆腐片煮熟即可。

营养功效： 提供维生素、蛋白质等多种营养。

花样豆腐

原料： 豆腐 50 克，熟鸭蛋黄 1 个，油菜适量。

做法： ①将豆腐切成小块，油菜切碎；熟鸭蛋黄压成泥。②油烧至八成热，倒入鸭蛋黄泥炒散，放入豆腐块炒熟，再下入油菜末炒熟即可。

营养功效： 豆腐还可以与番茄、青椒同炖，美味又营养。

鸡肉蛋卷

原料： 鸡蛋 1 个，鸡腿肉 50 克，面粉 60 克，盐适量。

做法： ①鸡腿肉洗净，剁成泥，加少许盐拌匀；鸡蛋打散，加面粉、水搅成鸡蛋糊。②油锅烧热，倒入鸡蛋糊，摊成饼，饼上加鸡腿肉泥卷成卷，蒸熟即可。

营养功效： 预防营养不良。

鸡肉蛋卷好看又好吃，还含有丰富的蛋白质、铁、锌等，有利于增强宝宝体质。

肉丁西蓝花

原料： 西蓝花 100 克，猪瘦肉 50 克。

做法： ①猪瘦肉洗净，切丁；西蓝花洗净，掰成小朵，焯烫后捞出。②油锅置火上，五成热时放入肉丁翻炒，快炒熟时，放入西蓝花，炒熟即可。

营养功效： 促进消化，预防便秘。

虾仁菜花

原料： 菜花 60 克，虾仁 6 只，盐、橄榄油各适量。

做法： ①菜花洗净，掰小朵；虾仁去虾线，洗净。②锅中加水，水沸后滴入橄榄油，放入菜花煮软，再放入虾仁煮熟，加少许盐调味即可。

营养功效： 补充蛋白质和锌。

迷你小肉饼

原料： 猪瘦肉末 30 克，面粉 50 克。

做法： ①将猪瘦肉末、面粉加水搅拌成肉面糊。②油锅烧热后，将一大勺肉面糊倒入煎锅中，慢慢转动锅铲，将面糊摊成小饼，煎熟摆盘即可。

营养功效： 促进生长发育。

 怎样预防宝宝偏食 ✦

许多学步期宝宝的食欲比以前有所下降，妈妈要正确引导，不能只给宝宝喜欢吃的，以免宝宝养成偏食的不良习惯。对于一些宝宝不喜欢吃的食物，妈妈可以将它们切碎，和宝宝喜欢吃的食物混在一起，或改变辅食外形和烹饪方式，吸引宝宝去尝试。

1~1.5岁宝宝发育测评表

宝宝已经不满足于走路了，可能会试图
跑起来，但是身体控制得还不是很协调，
一定要有家人在身边看护。

亲子关系
对亲人依恋，能短暂
分离

精细动作
可以挥舞着铅笔，想画
就画啦；知道利用椅子
设法去够拿不到的东西

社会性
能模仿大人的动作，比
如，扫地、擦桌子等

总是动个不停
这个阶段的宝宝需要补充
B 族维生素和维生素 E，要注
意营养均衡，让宝宝更聪明。

听觉
能听懂稍长一些的语句；
会根据指令拿需要的
物品

语言
能用语言表达自己的需
求；可以跟人打招呼

运动
能倒退着走；在家人搀
扶下可以上下楼梯

视觉
能看见小虫子，可注视 3
米远的事物

 体重 8.1~15.8 千克
身长 73.6~92.4 厘米

 体重 7.8~14.9 千克
身长 72.8~91.0 厘米

1~1.5岁宝宝作息时间表

🍼喝奶　🧸玩　🛏睡　🍚辅食

宝宝对食物更加挑剔。食欲好、食量大的宝宝，能够坐在那里吃饭，一旦吃饱了，就会到处跑。食欲不是很好、食量小的宝宝，几乎不能安静地坐在那里好好吃饭。妈妈对这种行为要积极引导，同时要避免宝宝养成偏食的不良习惯。

奶和辅食的比重

此时，大多数宝宝应该已经断母乳，但是还是要给宝宝喝配方奶。早上的奶量可以相对减少，加入一些辅食。辅食的种类要更加多样化，制作方法也要尽量多样，以促进宝宝食欲，养成良好的饮食习惯。

新添加的辅食

现在宝宝软硬食物都能吃了，因此选择也多了。制作的辅食可以加少量盐、酱油等调味，但还是不要给宝宝加味精、白糖等调味料。

"喝奶 2 次
吃辅食 3~4 次
睡觉 12 个小时"

1~1.5 岁

此时，除了辛辣刺激的食物和容易导致过敏的食物，其他软烂食物宝宝都能吃了。同时，宝宝对饮食的偏好也变得越来越明显，妈妈要注意正确引导，帮助宝宝养成好的饮食习惯。

食物状态
软硬食物均可

150~200克/次

辅食3~4次/天

喝奶2次/天

芦笋口蘑汤

原料： 芦笋 4 根，口蘑 6 朵，红椒片、葱花、盐各适量。

做法： ①芦笋洗净，切段；口蘑洗净，切片。②油锅烧热，放入葱花煸香，放芦笋、口蘑略炒，加适量水煮 5 分钟，放红椒片煮熟，最后放盐调味即可。

营养功效： 增食欲，促消化。

香菇鸡丝粥

原料： 鸡肉 80 克，大米 50 克，黄花菜 10 克，香菇 2 朵。

做法： ①黄花菜洗净，切段；香菇洗净，切丝。②大米洗净，浸泡 30 分钟；鸡肉洗净，切丝。③锅中放入大米、黄花菜、香菇，加水煮沸，放入鸡丝，煮至食材全熟即可。

营养功效： 宝宝常吃可健体益智，增强免疫力。

丝瓜肉片汤

原料： 丝瓜半根，猪肉 20 克，盐适量。

做法： ①丝瓜洗净，削皮，切块；猪肉洗净，切片。②锅中放适量水，煮沸后放入丝瓜块，再次煮沸后改小火煮约 3 分钟，下肉片煮至熟软，加少许盐调味即可。

营养功效： 促进肠道蠕动，预防便秘。

宝宝断母乳后配方奶不能断

大多数 1 岁左右的宝宝已经断母乳了，但 3 岁前要坚持给宝宝喝配方奶，3 岁后可以将配方奶换成牛奶。选择适合宝宝年龄段的配方奶粉，可以为宝宝提供丰富的营养。也可以在给宝宝制作辅食的时候加上配方奶，不仅营养丰富，还能促进宝宝食欲。

菠萝粥

原料：大米 80 克，菠萝果肉 20 克，枸杞子、配方奶各适量。

做法：①大米洗净，浸泡 1 小时，加水煮成粥；菠萝果肉切丁。②粥将熟时，加入菠萝丁、枸杞子和配方奶，搅拌均匀，再煮 10 分钟即可。

营养功效：促进食欲。

平菇二米粥

原料：大米 40 克，小米 50 克，平菇 40 克。

做法：①平菇洗净，焯烫后切片；大米、小米分别洗净。②锅中加适量水，放入大米、小米大火烧沸，改小火煮至粥将熟，加入平菇煮熟即可。

营养功效：增强体质。

白芸豆粥

原料：大米 80 克，白芸豆 20 克。

做法：①大米、白芸豆均洗净，浸泡 2 小时。②大米、白芸豆加水同煮，煮至白芸豆裂口即可。

营养功效：补充能量。

牛肉土豆饼

原料: 牛肉 50 克,鸡蛋 1 个,土豆 1 个,面粉、盐各适量。

做法: ①土豆洗净蒸熟,加水捣成泥糊;鸡蛋打散;牛肉放盐,剁成泥,与土豆泥混合。②拌好的牛肉土豆泥做成圆饼,裹一层面粉,再裹一层蛋液,放入油锅,双面煎熟即可。

营养功效: 补充能量,增强体力。

番茄鸡蛋面

原料: 面条 50 克,番茄、鸡蛋各 1 个,油菜 2 棵,盐、香油各适量。

做法: ①将番茄用开水烫一下,去皮,切块;油菜择洗干净;鸡蛋打散,入油锅炒熟。②锅中加水,放番茄块略煮,放面条、油菜、鸡蛋煮熟,最后加盐、香油调味即可。

营养功效: 助消化,促进食欲。

肉松三明治

原料: 吐司面包 2 片,猪肉松 20 克,黄瓜半根,橄榄油适量。

做法: ①黄瓜洗净,切薄片。②锅中放入橄榄油,烧热后放入吐司面包,煎至两面金黄。③取一片吐司面包平铺,放上肉松、黄瓜片,再盖上一片吐司面包,切三角即可。

营养功效: 三明治做法比较新颖,宝宝可能更喜欢。

番茄鸡蛋面中的油菜可以换成菠菜、生菜、荍麦菜等,换着花样吃更营养。

牛奶最好冲
调得稀一些。

银耳火龙果汤

原料： 火龙果、雪梨各半个，银耳、黑木耳各 50 克。

做法： ①银耳、黑木耳用开水泡开，择洗干净，切成小朵；火龙果和雪梨洗净，去皮，切成小丁。②将切好的火龙果丁、雪梨丁同银耳、黑木耳放入锅中，加水，用小火熬煮 1 小时即可。

营养功效： 清热解暑。

鸡蛋布丁

原料： 鸡蛋 1 个，牛奶 80 毫升。

做法： ①鸡蛋打成蛋液。②把牛奶缓缓倒入鸡蛋液中拌匀，放入锅中，隔水蒸熟即可。

营养功效： 补充蛋白质及钙、钾等多种营养素。

炒红薯泥

原料： 红薯 1 个，熟核桃仁 2 个，熟花生仁 15 克，蜜枣丁、玫瑰汁各适量。

做法： ①红薯去皮，洗净，蒸熟，压泥；将核桃仁、花生仁压碎。②油锅烧热，放红薯泥翻炒，再放入其余食材，炒匀即可。

营养功效： 预防便秘，健脑益智。

 ## 给宝宝正确添加零食

零食指正餐外的一切小吃，比如，饼干、水果等。多数医生和儿童保健专家认为，适当的零食是必要的。但是，给宝宝吃零食要选择口味淡、可以锻炼宝宝咀嚼能力的食物。亲自给宝宝制作的零食是更安全、更放心的，比如，鸡蛋布丁、炒红薯泥等，既美味又营养。

鸡肉炒藕丝

原料: 鸡胸肉、莲藕各 50 克,红椒丝、黄椒丝各 20 克,酱油适量。

做法: ①鸡胸肉、莲藕均洗净,切丝。②油锅烧热,放入红椒丝、黄椒丝,炒到有香味时,放入鸡胸肉丝翻炒,到将熟时加莲藕丝,炒透后加酱油调味即可。

营养功效: 补维生素 C,提升免疫力。

芙蓉丝瓜

原料: 丝瓜 50 克,鸡蛋 1 个,水淀粉适量。

做法: ①丝瓜去皮,洗净,切丁;鸡蛋打散。②油锅烧热,倒入蛋液炒至凝固。③另起油锅,放丝瓜丁、炒熟的鸡蛋翻炒,用水淀粉勾芡即可。

营养功效: 健脑益智。

香橙烩蔬菜

原料: 油菜 30 克,香菇 2 朵,金针菇 20 克,鲜榨橙汁 100 毫升。

做法: ①油菜、金针菇均洗净,切段;香菇洗净,切丁。②油锅烧热,放入油菜段、香菇丁、金针菇段翻炒,倒入橙汁煮熟即可。

营养功效: 改善便秘。

宝宝的辅食怎样添加味道

虽然宝宝已经可以吃盐了,但是辅食中的盐一定要少放,如果辅食中添加了酱油就不要再额外加盐,宝宝摄入过多盐分,会养成重口味的习惯,对身体无益。一般 1~3 岁的宝宝,每日 1~2 克盐为宜。最好不要给宝宝食用味精。

五宝蔬菜

原料： 土豆、胡萝卜各半个，荸荠 3 个，木耳、干香菇各 3 朵，盐适量。

做法： ①木耳、干香菇泡发，洗净，切片；胡萝卜、土豆、荸荠去皮，洗净，切片。②油锅烧热，先炒胡萝卜片，再放入土豆片、荸荠片、香菇片、木耳翻炒，出锅时加盐调味即可。

营养功效： 补钾，预防便秘。

肉末炒木耳

原料： 猪肉末 50 克，木耳 20 克，盐适量。

做法： ①木耳泡发后，择洗干净，切碎。②油锅烧热，加入猪肉末炒至变色，加入木耳碎，炒熟，出锅时加盐调味即可。

营养功效： 促进生长发育。

滑子菇炖肉丸

原料： 滑子菇 50 克，牛肉末 100 克，胡萝卜片、淀粉各 20 克，盐适量。

做法： ①滑子菇洗净，掰开；牛肉末加盐、淀粉，做成牛肉丸。②锅中加水，烧沸后放牛肉丸稍煮，再放滑子菇、胡萝卜片煮熟，放盐调味即可。

营养功效： 增强体质，促进发育。

五宝蔬菜的颜色鲜艳，能吸引宝宝的注意，而且富有营养。

蛤蜊蒸蛋

原料： 蛤蜊 5 个，虾仁 4 只，鸡蛋 1 个，平菇 3 朵，盐适量。

做法： ①蛤蜊取肉，洗净。②虾仁去虾线，洗净；平菇洗净，切丁。③鸡蛋中加盐、蛤蜊、虾仁、平菇丁、温开水拌匀，隔水蒸熟即可。

营养功效： 健脑益智。

番茄肉酱意大利面

原料： 意大利面 100 克，猪肉末 150 克，洋葱末、蒜末、番茄酱各适量，盐、黑胡椒粉各适量。

做法： ①热油锅放蒜末、洋葱末炒香，加入番茄酱炒匀，再加入肉末翻炒熟，加水稍焖。②将意大利面煮熟后捞出装盘，浇上熬好的酱即可。

营养功效： 含有蛋白质和维生素 C，具有开胃健脾的功效。

香菇烧豆腐

原料： 豆腐 50 克，干香菇 3 朵，冬笋片 20 克，盐适量。

做法： ①干香菇泡发洗净，切片；豆腐冲洗切块，焯烫备用。②油锅烧热，依次放干香菇片、冬笋片翻炒，再放豆腐，加水煮熟，加盐调味即可。

营养功效： 补充钙质。

蛤蜊蒸蛋中含有丰富的蛋白质和钙，有助于促进宝宝智力发育，提高免疫力。

豆芽不要炒太久，否则口感会变差。

香椿芽摊鸡蛋

原料： 香椿芽 20 克，鸡蛋 1 个，盐适量。

做法： ①香椿芽洗净，开水烫 5 分钟，切末。②鸡蛋打入碗中，放入香椿芽末、盐搅匀。③烧热油锅，将香椿芽蛋糊倒入锅中成圆形，摊熟即可。

营养功效： 增强免疫力。

豆芽炝三丝

原料： 猪瘦肉 25 克，绿豆芽 30 克，红椒 20 克，胡萝卜半根。

做法： ①猪瘦肉、胡萝卜和红椒分别洗净，切丝；绿豆芽洗净。②油锅烧热，下猪瘦肉丝炒至半熟，再将绿豆芽、胡萝卜丝和红椒丝一起下锅，炒熟即可。

营养功效： 此菜富含维生素 C，预防感冒。

凉拌苋菜

原料： 苋菜 100 克，葱花、香油、蒜末各适量，盐适量。

做法： ①苋菜洗净，用开水焯熟，控水捞出备用。②将焯熟的苋菜加盐、香油、葱花、蒜末拌匀即可。

营养功效： 预防便秘。

怎样让宝宝吃野菜 ✦

宝宝满 1 岁以后，应想办法让他尝试多种不同的食材，使宝宝品尝到各种食物的味道。可以适当给宝宝吃些野菜，如苋菜、香椿芽等，不仅营养丰富，还能增加餐桌上的食物种类。刚开始添加时，如果宝宝不喜欢，可以变换做法，循序渐进，让宝宝慢慢接受。

1.5~2岁宝宝发育测评表

现在，宝宝能爬到椅子上去取玩具，这样做可以锻炼宝宝四肢的协调能力，但要注意安全。

亲子关系
对亲人依恋，能短暂分离

社会性
喜欢跟比自己大的孩子玩，有时会打人，不愿意分享玩具

精细动作
喜欢模仿自己感兴趣的动作；能握住笔画出简单的线条

能独自活动啦
此阶段，宝宝要补充热量、蛋白质和钙，以保证宝宝生长发育的需求。

语言
有能力与父母进行交互对话；能有节奏地学唱儿歌

听觉
听觉区分能力成熟。能随着不同的音乐旋律扭动身体

运动
不借助外力，能自己上下楼梯；能够自由自在地跑，并能双脚跳起

视觉
辨别能力增强，认识多种颜色，并能指出简单的几何图形

体重 9.1~17.5 千克
身高 78.3~99.5 厘米

体重 8.7~16.8 千克
身高 77.3~98.0 厘米

1.5~2岁宝宝作息时间表

喝奶 🍼　玩 🧸　睡 🛏　辅食 🍲　加餐 🧁

这个阶段的宝宝已陆续长出十几颗牙齿，主要食物也逐渐从奶类转向混合食物。宝宝处于生长发育的关键期，此时要保证米、面、杂粮等谷类的供给，以此保证碳水化合物的摄入，蛋白质、钙、铁、锌、碘等营养素的供给也不可少。除此之外，也要保证宝宝每天吃适量的水果、蔬菜，以补充维生素。

奶和辅食的比重

此时，要持续给宝宝喝配方奶。由于宝宝成长发育的需求，辅食量需要有所增加，因此晚上的奶量也要相对减少些，便于宝宝的消化吸收。

新添加的辅食

给宝宝做辅食并不是越精细越好，还要适当地给宝宝吃些粗粮。这样不仅能促进胃肠蠕动，预防便秘；同时，粗细搭配使营养更加均衡，还能让宝宝养成不挑食、不偏食的习惯。

"
喝奶 2 次
吃辅食 3 次
加餐 2 次
睡觉 12 个小时左右
"

1.5~2 岁

这个阶段，制作宝宝辅食的食材要多样化，可以将宝宝爱吃与不爱吃的食材混合，并试着加入适合宝宝的粗粮，做到粗细搭配，让宝宝什么都吃，不挑食、不偏食。

食物状态
软硬食物均可

200~250 克/次　喝奶2次/天　加餐2次/天　辅食3次/天

奶香燕麦粥

原料： 燕麦片35克，苹果半个，牛奶200毫升或配方奶粉30克。

做法： ①苹果洗净，去皮、去核，切成丁。②锅里倒入牛奶，再加入燕麦片，搅拌均匀后加热，煮至微微沸腾时，关火，加盖闷一会儿，撒上苹果丁即可。

营养功效： 燕麦片含有B族维生素及微量元素，牛奶含有丰富的优质蛋白质、钙、维生素A等。

紫菜虾皮南瓜汤

原料： 南瓜100克，虾皮、紫菜末各10克，鸡蛋1个，盐、葱花各适量。

做法： ①南瓜取肉洗净，切丁；鸡蛋打散。②锅内放水、南瓜丁和虾皮，煮至南瓜软烂；放紫菜末、鸡蛋液稍煮，用锅铲搅散，加盐、葱花即可。

营养功效： 有助于宝宝大脑、骨骼发育。

山药胡萝卜排骨汤

原料： 排骨块100克，山药块、胡萝卜块各50克，枸杞子、盐各适量。

做法： ①排骨块洗净，焯水去血沫。②锅中加适量水，放排骨块煮沸后转小火继续煮，放山药块、胡萝卜块、枸杞子，煮至软烂，出锅时放盐即可。

营养功效： 增强免疫力。

怎样给宝宝添加粗粮

粗粮豆类比细粮含有更多的赖氨酸和蛋氨酸。这两种氨基酸人体自身不能合成，因此可以适当给宝宝吃些粗粮。而且粗粮能促进宝宝咀嚼肌的发育，还能促进胃肠蠕动，增强胃肠消化功能，防止便秘。做法上可以粗细搭配，粗粮细做，这样更容易被宝宝接受。

菠菜猪肝粥

原料： 大米 30 克，猪肝 40 克，菠菜 20 克。

做法： ①猪肝洗净，切成末；菠菜洗净，焯烫，切末。②大米洗净，加适量水，煮沸后转小火，将猪肝末放入煮成粥；出锅前放菠菜末稍煮即可。

营养功效： 补铁，预防贫血。

黑豆紫米粥

原料： 黑豆、紫米、大米各 20 克。

做法： ①黑豆、紫米、大米分别洗净，用水浸泡 1 小时。②将黑豆、紫米、大米倒入锅中，加水大火煮开后，改小火煮至豆烂米熟即可。

营养功效： 补充能量。

八宝粥

原料： 大米、紫米、红豆、绿豆、芸豆、花生仁、桂圆肉、葡萄干各 10 克。

做法： ①大米、紫米、红豆、绿豆、芸豆、花生仁均洗净，浸泡 2 小时；桂圆肉、葡萄干洗净。②所有原料放锅内，加水，小火慢煮至豆烂米熟即可。

营养功效： 强健体魄。

蛋包饭

原料: 米饭 100 克, 鸡蛋 1 个, 培根丁、玉米粒、豌豆、洋葱丁各适量。

做法: ①豌豆、玉米粒洗净, 焯熟; 鸡蛋打散。②油锅烧热, 放培根丁、洋葱丁、玉米粒、豌豆及米饭炒匀盛出。③将鸡蛋摊成蛋皮, 放米饭叠起即可。

营养功效: 全面补充营养。

红豆饭

原料: 大米 30 克, 红豆 20 克, 熟黑芝麻、熟白芝麻各适量。

做法: ①红豆洗净, 浸泡 3 小时, 放入锅中, 加水煮熟。②将大米洗净与熟红豆放入电饭煲, 加水煮成饭, 撒上黑芝麻、白芝麻即可。

营养功效: 润肠通便。

鸡肉番茄汁饭

原料: 米饭 100 克, 鸡胸肉丁、土豆丁、胡萝卜丁各 40 克, 番茄酱适量。

做法: ①油锅烧热, 煸炒鸡丁, 放除番茄酱以外的其余原料, 翻炒, 加水煮至土豆绵软。②番茄酱加水拌匀, 倒入锅中收汁, 淋在米饭上即可。

营养功效: 补充热量, 促进食欲。

蛋包饭颜色丰富, 容易受到宝宝的喜爱, 并且含有人体所必需的蛋白质、脂肪、维生素及钙等营养成分。

白菜肉末面

原料： 荞麦面条 50 克，玉米粒、白菜末各 20 克，猪瘦肉末 30 克，鸡蛋 1 个，盐适量。

做法： ①将水倒入锅内，烧沸后放玉米粒、荞麦面条、猪瘦肉末、白菜末煮熟。②出锅前淋入打散的鸡蛋稍煮，加盐调味即可。

营养功效： 促进对蛋白质的吸收。

虾仁炒面

原料： 面条 50 克，虾仁 2 只，胡萝卜丁、油菜段、盐各适量。

做法： ①虾仁去虾线，洗净，切段；面条煮熟，捞出沥干备用。②油锅烧热，放虾仁、胡萝卜丁、油菜段翻炒，放入煮熟的面条、盐翻炒至食材全熟即可。

营养功效： 促进骨骼生长发育。

虾丸荞麦面

原料： 荞麦面条 50 克，虾仁 5 只，猪肉末、黄瓜片、木耳、盐各适量。

做法： ①虾仁去虾线，洗净，剁碎，加猪肉末、盐拌匀，做成虾丸。②荞麦面条煮熟，盛入碗中。③将虾丸、木耳、黄瓜片放入沸水中煮熟，盛出放入面中即可。

营养功效： 增强抵抗力。

怎样给宝宝做花样主食 ✦

有些宝宝不喜欢吃主食，每次吃两口就不吃了。此时，可以尝试给宝宝做花样主食。除了白米饭外，还可以将不同蔬菜或谷类与大米混合，做出色香味俱佳的饭。这样不仅营养丰富，更能促进宝宝的食欲。除了米饭外，也可以给宝宝做些汤面、炒面、卤面等。

苦瓜煎蛋饼

原料: 苦瓜半根,鸡蛋 1 个,面粉、盐各适量。

做法: ①苦瓜去子,洗净,切碎;鸡蛋加盐打散,加苦瓜碎和面粉拌匀。②油锅烧热,倒入面糊成饼状,煎至两面金黄;出锅凉凉,切块即可。

营养功效: 促食欲,助消化。

玉米面发糕

原料: 玉米面、面粉各 80 克,酵母适量。

做法: ①面粉、玉米面、酵母混合均匀,加水揉成面团。②面团放温暖处饧发 40 分钟。③发好的面团上锅大火蒸 20 分钟,关火后立即取出,切厚片即可。

营养功效: 预防便秘。

三文鱼芋头三明治

原料: 三文鱼肉 50 克,芋头 2 个,面包片 2 片,番茄片、盐各适量。

做法: ①三文鱼肉蒸熟,捣碎;芋头洗净,蒸熟,去皮捣碎,加三文鱼泥、盐拌匀。②将 2 片面包片中夹入三文鱼芋头泥和番茄片,切成三角形即可。

营养功效: 提高免疫力。

 怎样给宝宝吃水果更健康

餐前给宝宝吃水果会影响宝宝正餐的摄入量,餐后立即吃可能会影响食物的消化、吸收,导致消化不良,因此最好把水果放在两餐中间吃。另外,除了给宝宝吃单一的水果外,也可以将不同的水果混合加酸奶制成水果沙拉,让宝宝一次吃到多种水果。

葵花子芝麻球

原料： 熟葵花子、低筋面粉各 100 克，红薯 30 克，鸡蛋液、白芝麻各适量。

做法： ①红薯洗净，蒸熟，去皮；将红薯、熟葵花子、鸡蛋液打成泥糊，加低筋面粉拌成软面团。②将面团揉成圆球，刷上蛋液，蘸上芝麻，入烤箱烤熟即可。

营养功效： 增强记忆力。

水果沙拉

原料： 苹果、梨、橘子各半个，香蕉半根，生菜叶 2 片，酸奶 250 毫升。

做法： ①香蕉去皮，切片；橘子分瓣；苹果、梨洗净，去皮，取肉，切片；生菜洗净。②盘底用生菜垫底，放香蕉片、橘子瓣、苹果片、梨片、酸奶拌匀即可。

营养功效： 健脑益智、增强免疫力。

山楂糕梨丝

原料： 山楂糕 150 克，去皮的梨 1 个，盐适量。

做法： ①山楂糕和去皮的梨分别切成丝。②山楂糕丝、梨丝放入淡盐水中过一下，捞出。③将山楂糕丝和梨丝放入大碗中即可。

营养功效： 促消化，增加食欲。

水果沙拉中的酸奶含有益生菌，有益于宝宝肠胃健康，水果中含有许多微量元素，有健脑益智的功效。

酸汤饺子

原料: 韭菜鸡蛋馅饺子 10 个, 紫菜、虾米、醋、香油、盐、胡椒粉各适量。

做法: ①饺子放入锅中煮熟。②紫菜撕碎, 虾米洗净, 放入碗中, 放入醋、盐、胡椒粉。③饺子煮好后连汤一起舀入碗内, 加几滴香油即可。

营养功效: 醋含多种有机酸, 吃醋可以增强食欲, 促进消化, 韭菜含丰富的叶绿素、膳食纤维等, 酸汤饺子美味又有营养。

双色豆腐丸

原料: 豆腐 100 克, 胡萝卜半根, 菠菜 30 克, 面粉、淀粉、盐各适量。

做法: ①胡萝卜洗净, 擦丝, 菠菜洗净, 剁碎;豆腐用手抓碎分两份放碗里, 加入适量面粉和淀粉。②一个碗里加入胡萝卜丝, 另一个碗内加入菠菜碎, 加水拌匀, 分别团成小丸子, 下锅焯熟盛出。③锅中加淀粉、盐、水搅匀, 做成汁, 浇在丸子上即可。

营养功效: 补充蛋白质, 促进食欲。

菠萝牛肉

原料: 牛里脊肉 100 克, 菠萝 50 克, 姜片、酱油、淀粉各适量。

做法: ①牛里脊肉切丁, 用姜片、酱油、淀粉略腌 20 分钟;菠萝洗净, 切丁。②油锅烧热, 爆炒牛肉丁后再加菠萝丁翻炒至熟即可。

营养功效: 增加食欲。

菠萝酸甜可口, 可增加食欲。

冬瓜肝泥卷

原料： 猪肝 30 克，冬瓜 50 克，馄饨皮、盐、姜片、葱段各适量。

做法： ①冬瓜去皮，洗净，切末；猪肝洗净，用葱段、姜片加水煮熟，剁成泥。②冬瓜末和猪肝泥混合，加盐做成馅，用馄饨皮包好，上锅蒸熟即可。

营养功效： 预防缺铁性贫血。

滑炒鸭丝

原料： 鸭胸肉丝 80 克，竹笋片 20 克，香菜段、蛋清、水淀粉、盐各适量。

做法： ①鸭胸肉丝中加盐、蛋清、水淀粉搅匀，腌制片刻；竹笋片切丝。②油锅烧热，下鸭胸肉丝炒熟，加竹笋丝、香菜段炒熟，加盐调味即可。

营养功效： 为宝宝补充 B 族维生素和蛋白质。

豌豆烩虾仁

原料： 豌豆、虾仁各 50 克，鸡汤、盐各适量。

做法： ①豌豆洗净；虾仁去虾线，洗净。②油锅烧热，加虾仁煸炒片刻，加入豌豆煸炒 2 分钟左右，倒入鸡汤，待汤汁浓稠时，加盐调味即可。

营养功效： 促进智力发育。

怎样给宝宝科学搭配饮食

现在，宝宝能吃大部分食物了，并开始和大人一起吃饭。此时，要注重饮食的科学搭配，让宝宝吃得更营养、更健康。主食应是以粮食为主的碳水化合物，平时炒菜时也要讲究多种多样，荤素搭配，可以多添加几种食材同炒，让宝宝营养均衡。

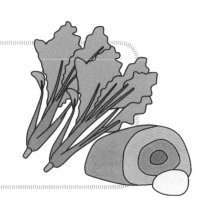

2~3岁宝宝发育测评表

现在要考虑宝宝上幼儿园的事了。逐渐开始训练宝宝的自理能力，并教宝宝如何与人相处，以适应集体生活。

亲子关系
对亲人依恋，但能分离

社会性
和别的小朋友玩时懂得遵守游戏规则

精细动作
会自己穿、脱衣服和鞋子了

对身体操纵更加灵活
此阶段，补充足量的维生素A、维生素K和膳食纤维，可为宝宝提供天然屏障，让宝宝快乐地成长。

语言
日常的口语能熟练运用，可以连贯说话并能叙述事情经过

听觉
辨别能力增强，能辨别不同物体，甚至不同乐器发出的声音

运动
能熟练地跑，向前跳跃，踮脚走，会连续拍球3~5下

视觉
视觉发育成熟，能注视物体2分钟以上，能观察事物细小的变化

 体重 10.6~20.6 千克
身高 86.3~109.4 厘米

 体重 10.2~20.1 千克
身高 85.4~108.1 厘米

2~3岁宝宝作息时间表

🍼喝奶　🧸玩　🛏️睡　🍲辅食　🧁加餐

满3岁的宝宝运动量比较大，需要补充全面而充足的营养。宝宝每天所需的蛋白质、脂肪和碳水化合物的比例约为1:0.8:4，总热量约5 442千焦。除此之外，此阶段也是父母抓住培养宝宝饮食习惯的好时机，应帮助宝宝尽早地融入家庭饮食中。

奶和辅食的比重

此时，可以把配方奶换成牛奶给宝宝喝。此外，可以在吃早餐的时候添加牛奶，加餐或晚上睡觉前给宝宝喝配方奶或牛奶，一般全天饮奶300~500毫升即可。

新添加的辅食

现在要让宝宝和家人一起吃饭了，但是要注意饮食不要太咸，也不要吃辛辣刺激的食物。如果宝宝口味偏重，家人要及时给予引导和纠正。

"
喝奶 1~2 次
吃辅食 3 次
加餐 2 次
睡觉 10~12 个小时
"

2~3 岁

此时是培养宝宝饮食习惯的好时机，再加上宝宝能够简单地理解爸爸妈妈说的话，因此，要有耐心、正确地引导，帮宝宝尽早培养饮食好习惯，适应家庭饮食。

喝奶 1~2 次/天
250~400 克/次
食物状态
软硬食物均可
加餐 2 次/天
辅食 3 次/天

银耳羹

原料：银耳 5 克，冰糖适量。

做法：①银耳用温开水泡发，去蒂，洗净，撕成片状。②锅内加适量水，放入银耳，大火煮沸后，用小火煮 1 小时，加冰糖，炖至银耳熟烂即可。

营养功效：润肺、防秋燥。

丸子冬瓜汤

原料：冬瓜 100 克，猪瘦肉末 50 克，盐、水淀粉、葱花各适量。

做法：①冬瓜去皮，洗净，切片；猪瘦肉末加盐、水淀粉拌匀，捏成丸子，蒸熟。②油锅烧热，加冬瓜片煸炒，加盐和适量水煮沸，放入丸子煮熟，撒葱花即可。

营养功效：清热降暑。

莲藕薏米排骨汤

原料：排骨块 100 克，薏米 30 克，莲藕 1 节，醋、盐各适量。

做法：①莲藕去皮，洗净，切片；薏米洗净；排骨块洗净，焯水去血沫。②锅中加水，放排骨块煮沸，加醋，小火煲 1 小时，放入莲藕片、薏米，煲熟，加盐调味即可。

营养功效：提供优质蛋白质及膳食纤维。

怎样让宝宝膳食平衡

要使膳食搭配平衡，宝宝每天的饮食中必须有谷物、肉类、蔬菜、水果以及油脂。蛋白质是宝宝生长发育所必需的，因此每日膳食中要有足够的豆类和不同的动物性食品，并注意适当搭配，才能满足宝宝的营养需求。

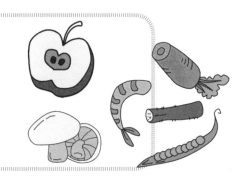

核桃粥

原料: 大米 50 克，核桃仁 2 个。

做法: ①核桃仁洗净，用温开水浸泡 30 分钟；大米洗净，浸泡 30 分钟。②锅中加适量水，放入大米，大火烧开转小火，放入核桃仁熬至大米软烂即可。

营养功效: 健脑益智。

薏米花豆粥

原料: 薏米 50 克，花豆 20 克。

做法: ①薏米、花豆均洗净，浸泡 2 小时。②薏米、花豆放入锅中，加水同煮，一直煮至粥熟烂即可。

营养功效: 补充能量。

什锦鸡粥

原料: 鸡腿肉 30 克，香菇 2 朵，大米 30 克，红枣 2 颗，葱末、盐各适量。

做法: ①鸡腿肉、香菇分别洗净，切丁；大米洗净，浸泡 30 分钟；红枣洗净，去核。②锅中加水，放鸡腿肉丁、大米煮沸，加香菇丁、红枣煮熟，加盐、葱末调味即可。

营养功效: 增强抵抗力。

玉米糊饼

原料： 玉米粒 100 克，葱花适量。

做法： ①将玉米粒用豆浆机打碎，加适量水，搅成糊状，并放入葱花拌匀。②油锅烧热，倒入玉米糊，在锅中煎成薄饼，两面都煎熟，点缀葱花即可。

营养功效： 加强肠道蠕动，预防便秘。

肉泥洋葱饼

原料： 猪肉 20 克，面粉 50 克，洋葱碎、盐各适量。

做法： ①猪肉洗净，剁成泥。②将面粉、猪肉泥、洋葱碎混合，加盐和适量水和成面糊。③油锅烧热，倒入面糊制成小饼，双面煎熟即可。

营养功效： 提供优质蛋白质、补铁。

玉米香菇虾肉饺

原料： 猪肉末 150 克，干香菇 3 朵，虾仁 5 个，饺子皮、玉米粒、盐各适量。

做法： ①干香菇洗净，泡发，切丁；虾仁洗净，切丁。②将猪肉末、干香菇丁、虾仁丁、玉米粒、盐混合拌匀制成馅。③饺子皮包上馅，入沸水锅中煮熟即可。

营养功效： 强健身体，提高免疫力。

 怎样给宝宝自制"快餐"

大部分宝宝喜欢吃汉堡以及涂满奶酪的比萨等快餐食品。但是这些快餐食物易使宝宝热量超标，导致超重或肥胖。不妨在家给宝宝自制"快餐"，各种食材的搭配不仅营养均衡，而且可控制油与盐的用量，使食物更健康。

黑米馒头

原料： 面粉 100 克，黑米面 200 克，酵母 4 克。

做法： ①面粉、黑米面、酵母混合，加水和成面团，放温暖处。②待面团发酵后，制成馒头，入锅蒸熟即可。

营养功效： 补充 B 族维生素，促进消化吸收。

芝麻酱花卷

原料： 面粉 80 克，芝麻酱 20 克，酵母、盐各适量。

做法： ①面粉和酵母加水和匀，放温暖处发酵；芝麻酱加盐调匀。②面团擀成长片，抹芝麻酱卷起，切相等的段，每 2 段叠起拧成花卷蒸熟即可。

营养功效： 促进骨骼、牙齿发育。

面包比萨

原料： 全麦面包片 1 片，奶酪、胡萝卜、黄瓜、玉米粒、番茄酱各适量。

做法： ①胡萝卜、黄瓜洗净，切粒；玉米粒焯熟。②在全麦面包片上挤适量番茄酱、奶酪，抹匀后放胡萝卜粒、黄瓜粒、玉米粒，烤箱中烤 10 分钟即可。

营养功效： 补钙、促食欲。

面包比萨不仅色彩鲜亮，而且原料丰富，能为宝宝补充多种营养物质。

紫菜包饭

原料: 糯米 100 克,鸡蛋 1 个,紫菜、胡萝卜、黄瓜、火腿、沙拉酱、肉松各适量。

做法: ①胡萝卜、黄瓜洗净,与火腿同切条;糯米洗净,蒸熟。②鸡蛋打散摊成饼,切丝。③糯米平铺在紫菜上,再摆上胡萝卜条、黄瓜条、火腿条、鸡蛋丝、沙拉酱、肉松,卷起切小段即可。

营养功效: 紫菜包饭健脾养胃,还有增强免疫力的功效。

红薯蛋挞

原料: 红薯 1 个,蛋黄 2 个,淡奶油 20 克。

做法: ①红薯去皮,洗净,蒸熟压成泥,加蛋黄、淡奶油搅拌均匀。②将调好的红薯糊舀到蛋挞模型里,放烤箱中烤 15 分钟即可。

营养功效: 补充体力,增进食欲。

菠萝鸡丁

原料: 鸡腿肉 50 克,菠萝 30 克,白糖、水淀粉各适量。

做法: ①鸡腿肉用刀背拍几下,切成丁,用水淀粉、白糖腌一下;菠萝洗净,切成小丁,用盐水浸泡备用。②油锅烧热,将鸡丁稍微过油后立即捞出。③另起油锅,放入菠萝丁炒香,倒入鸡丁炒熟即可。

营养功效: 菠萝中维生素 C、钙、磷含量很高,是丰富宝宝食谱的好选择。

牛奶草莓西米露

原料： 西米 100 克，牛奶 250 毫升，草莓 3 个。

做法： ①西米洗净，放锅中加水煮至中间剩下个小白点，关火闷 10 分钟。②取西米加牛奶冷藏 30 分钟；草莓洗净，切块，和牛奶西米拌匀即可。

营养功效： 增强皮肤弹性。

酸奶布丁

原料： 牛奶 100 毫升，酸奶 50 毫升，苹果 30 克，草莓 3 个，明胶粉适量。

做法： ①牛奶加明胶粉煮沸，凉凉后加酸奶混匀。②苹果洗净，去皮，切丁；草莓洗净，切块；放入酸奶中冷藏即可。

营养功效： 促进钙吸收。

水果蛋糕

原料： 面粉 50 克，鸡蛋 1 个，苹果、梨各半个，黄油适量。

做法： ①苹果和梨分别去皮，洗净，切碎。②黄油化开，加面粉混合，边搅拌边加鸡蛋搅成面糊；加苹果碎、梨碎。③面糊倒入碗中，蒸熟即可。

营养功效： 促进食欲。

怎样给宝宝补充奶制品

奶类食品含有优质蛋白质、脂肪以及钙、磷等宝宝生长发育所需要的营养素，而且配比科学合理。因此，这个阶段的宝宝每天还是应该补充一些奶制品。可以给宝宝喝些酸奶，它易于消化吸收，酸甜可口。酸奶中的乳酸菌，可促进宝宝消化，增加食欲。

清蒸鲈鱼

原料: 鲈鱼 1 条, 葱花、姜末、酱油、香油各适量。

做法: ①鲈鱼去鳞、内脏, 洗净, 切花刀备用。②将鲈鱼放入盘中, 加入葱花、姜末, 上蒸锅隔水蒸 8 分钟后取出, 淋上酱油和香油即可。

营养功效: 补充 DHA, 健脑益智。

海带炖肉

原料: 猪肉 100 克, 海带 50 克, 盐适量。

做法: ①猪肉洗净, 切小块氽水; 海带洗净, 切片。②烧热油锅, 下猪肉块略炒, 加水, 大火烧开后下海带片, 转小火炖至肉烂, 加盐调味即可。

营养功效: 补碘, 促进大脑发育。

洋葱炒鱿鱼

原料: 鱿鱼 1 条, 洋葱 50 克, 青椒、红椒各半个, 盐适量。

做法: ①鱿鱼处理干净, 切块, 放入开水中氽烫, 捞出; 洋葱、青椒、红椒洗净, 切块。②油锅烧热, 放洋葱块、青椒块、红椒块翻炒, 然后放入鱿鱼块, 熟时加盐调味即可。

营养功效: 提高免疫力。

猪肉和海带一定要炖得软烂后再给宝宝吃。

煎猪肝丸子

原料： 猪肝 50 克，番茄半个，鸡蛋 1 个，面粉、淀粉、番茄酱各适量。

做法： ①猪肝洗净，剁成泥，加面粉、鸡蛋液、淀粉搅拌成馅。②烧热油锅，将肝泥挤成丸子，下锅煎熟；番茄洗净，切碎，同番茄酱一起煮成稠汁，倒在煎好的猪肝丸子上即可。

营养功效： 预防缺铁性贫血。

上汤娃娃菜

原料： 娃娃菜 100 克，香菇片、鸡汤、姜片、盐、香菜各适量。

做法： ①娃娃菜洗净，对半切。②油锅烧热，爆香姜片，加鸡汤煮开，下娃娃菜、香菇片煮熟，加盐调味，加香菜点缀即可。

营养功效： 促进钙吸收。

清炒空心菜

原料： 空心菜 200 克，葱末、蒜末、盐、香油各适量。

做法： ①将空心菜择洗干净，切成段。②炒锅中加油烧至七成热时，放入葱末、蒜末炒香；下空心菜炒至刚断生，加盐、香油调味即可。

营养功效： 预防便秘。

怎样培养宝宝不暴食的习惯 ✧

爱吃的东西要适量地吃，特别是对食欲好的宝宝要有一定限制，否则会出现胃肠道疾病，或者"吃伤了"，以后再也不吃的现象。每次给宝宝少盛一些饭，让宝宝能够吃完，以免剩在碗里，养成浪费粮食、不知珍惜的习惯。

第三章

这样吃，宝宝不生病、更聪明

每位父母都希望自己的宝宝健康又聪明。只要父母肯花时间研究一下，学一点营养搭配知识，宝宝的喂养就会轻松而有效。食补胜于药补，喂出健康宝宝其实并不难。下面就给妈妈们介绍一些简单又有效，也是每个妈妈都用得上的调养食谱。

补钙

钙对宝宝最主要的作用就是促进骨骼生长，还可以使宝宝牙齿更坚固。牛奶、豆制品都是优质的补钙食品。另外，绿叶蔬菜、坚果也是含钙量丰富的食物。海产品如虾皮、虾米、海带、紫菜等含钙量也较高。妈妈可以适当地让宝宝吃些含钙丰富的食物。

烦躁不安 出牙晚
"O"形腿 宝宝缺钙 5个症状 厌食、偏食
易出汗

虾皮炖豆腐

原料： 豆腐 100 克，虾皮 15 克，葱末、姜末、水淀粉、酱油各适量。

做法： ①豆腐切小块；虾皮切碎。②油锅烧热，放入葱末、姜末和虾皮碎，爆香后倒入豆腐块，翻炒后加酱油、水，翻炒均匀，最后用水淀粉勾芡即可。

百变花样做美味： 豆腐与海带做汤既美味，又能补钙。

牛奶蛋黄青菜泥

原料： 鸡蛋 1 个，牛奶 50 毫升，青菜泥、米汤各适量。

做法： ①鸡蛋煮熟，取鸡蛋黄。②锅内加适量水，放入鸡蛋黄、牛奶、青菜泥、米汤，边搅拌边煮，煮开后关火即可。

百变花样做美味： 还可以将鸡蛋打散，直接淋入煮沸的汤内，让宝宝尝尝不一样的口感。

牛奶蛋黄青菜泥中钙、DHA、维生素含量都比较高。

虾肉冬蓉汤

原料: 鲜虾 6 只，冬瓜 100 克，鸡蛋 1 个、姜片、香油各适量。

做法: ①鲜虾处理干净，取虾肉；冬瓜洗净，去皮、去瓤，切小粒；鸡蛋打散备用。②锅中加水，放入冬瓜粒、虾肉、姜片煲至熟烂，加香油调味，淋入鸡蛋液稍煮即可。

百变花样做美味: 虾处理干净以后可以裹上干淀粉做成干煎虾，能锻炼宝宝的咀嚼能力。

芝麻酱拌面

原料: 面条 90 克，芝麻酱 2 匙，黄瓜丝、生抽、香菜叶、葱花、盐各适量。

做法: ①将面条煮熟后在凉开水里过一下后捞出。②黄瓜丝在开水里焯烫。③焯烫好的黄瓜丝和面条一起放碗里，倒上芝麻酱，加少许葱花、香菜叶、盐、生抽即可。

百变花样做美味: 芝麻酱还可以与面粉搭配做成芝麻酱花卷，一样补钙又美味。

奶油白菜

原料: 白菜 100 克，牛奶 120 毫升，盐、高汤、水淀粉各适量。

做法: ①白菜洗净，切小段；将牛奶倒入水淀粉中搅匀。②油锅烧热，倒入白菜，再加些高汤，烧至七成熟。③放入盐，倒入调好的牛奶水淀粉汁，烧开即可。

百变花样做美味: 可以将白菜换成娃娃菜，娃娃菜含钙量也比较高，是补钙的佳品。

 ## 什么时候开始补钙

0~5 个月的婴儿，每天对钙的摄取量为 300 毫克，只要每天饮母乳或配方奶 600~800 毫升，补充维生素 D，就可以满足婴儿对钙的需要。6 个月时，婴儿开始添加辅食，每天的喝奶量逐渐减少，这个阶段的婴儿对钙的摄取量每天增至 400 毫克。因此，从这时起开始要注意补钙。宝宝在补钙的同时还要注意补充维生素 D，才可以促进身体对钙的吸收。无论母乳喂养，还是人工喂养的宝宝，在出生 2 周后开始补充维生素 D。

补锌

锌缺乏影响宝宝的味觉发育，会导致味觉迟钝及食欲缺乏，甚至出现口味异常，影响生长发育。锌缺乏的宝宝还会出现皮肤粗糙干燥、头发易断没有光泽、创伤愈合比较慢等症状。海产品中牡蛎、鱼类含锌量较高；瘦肉、猪肝、牛肉、鸡肉、鸡蛋等都是补锌的好食材。

促进生长发育　维持食欲　锌对宝宝的作用　利于视力发育　提高免疫力

清炒蛤蜊

原料： 蛤蜊 200 克，红椒、黄椒各 1 个，葱花、蒜末、姜末、料酒、盐各适量。

做法： ①将蛤蜊倒入淡盐水中浸泡半天，吐净泥沙，洗净；红椒、黄椒洗净，切片。②烧热油锅，放入葱花、姜末、蒜末、红椒和黄椒片，爆香后放入蛤蜊，翻炒数下，淋入料酒和适量水，加盖大火煮至蛤蜊张嘴，加盐调味即可。

百变花样做美味： 蛤蜊可取肉，剁碎，加面粉、鸡蛋和青菜做成饼，有益于宝宝消化吸收。

清炒蛤蜊可以健脾益胃、促进消化。

茄子炒肉

原料： 茄子 60 克，肉末 20 克，盐适量。

做法： ①茄子洗净，去皮，切丁。②锅中放油，烧热后放肉末煸炒，盛出。③油锅烧热后倒入茄子丁，翻炒片刻后下肉末一起炒，炒熟，加盐调味即可。

百变花样做美味： 如果不喜欢吃茄子，可以将茄子换成西蓝花或者其他蔬菜，与肉同炒一样可以补锌。

虾仁青豆饭

原料: 虾仁 100 克，青豆、胡萝卜、大米各 50 克，盐适量。

做法: ①虾仁去虾线，洗净，切丁，放入盘中，加入盐腌 15 分钟；青豆洗净，在锅中煮 5 分钟左右；胡萝卜洗净，切丁；大米洗净，浸泡 1 小时。②大米放入电饭煲中，加水、虾仁、青豆、胡萝卜丁，焖煮 20 分钟左右，开关跳过后，再闷 10 分钟左右即可。

百变花样做美味: 青豆还可以与鸡肉、胡萝卜同炒，可促进宝宝的食欲。

肝菜蛋汤

原料: 猪肝 50 克，菠菜 100 克，鸡蛋 1 个，盐、葱末、姜末各适量。

做法: ①猪肝洗净，切片；菠菜洗净，焯烫，切段；鸡蛋打散。②油锅烧热，煸香葱末和姜末，加猪肝片煸炒一下，加入水将猪肝片煮熟；把菠菜段和鸡蛋液倒入锅中煮熟，出锅前加盐调味即可。

百变花样做美味: 猪肝还可以与青椒或番茄搭配炒食。

鸡肝菠菜汤

原料: 鸡肝 50 克，菠菜 2 棵，盐适量。

做法: ①鸡肝洗净，切片；菠菜洗净，焯水后切小段。②锅内加水，煮沸后放鸡肝片，烧开后撇去浮沫，放入菠菜段煮熟，最后加盐调味即可。

百变花样做美味: 如果宝宝喜欢凉拌菜，可以做鸡肝拌菠菜给宝宝吃。

补锌过量有危害

对于不缺锌的宝宝来说，额外补充有可能会引发代谢紊乱，导致宝宝出现呕吐、头痛、腹泻、抽搐等症状，并可能损伤大脑神经元，导致记忆力下降。所以，妈妈不要擅自决定给宝宝补锌，而是要听从医生的意见。

补铁

铁是人体必需的微量元素之一，是婴幼儿生长发育与保持健康的重要营养素。缺乏铁元素最直接的危害就是造成缺铁性贫血，表现为疲乏无力、面色苍白、皮肤干燥、指甲苍白少血色等。动物肝脏、瘦肉、鸭血、紫菜、木耳等食物中含有丰富的铁。尽量荤素搭配着吃，因为富含维生素C的食物能促进铁的吸收。

吃富含铁的食物　补充维生素C

宝宝补铁的方法

用铁器烹饪

鸡肝粥

原料: 大米 30 克, 鸡肝 25 克。

做法: ①鸡肝洗净, 煮熟后切末; 大米洗净, 浸泡 30 分钟。②将大米放入锅中, 加水煮粥, 粥熟后加入鸡肝末煮熟即可。

百变花样做美味: 可以把鸡肝换成鸭肝、猪肝, 同样美味。

南瓜中不仅富含维生素, 而且还含有许多微量元素。

南瓜肉末

原料: 南瓜 50 克, 猪肉末 20 克, 水淀粉、盐、葱花各适量。

做法: ①南瓜洗净, 去皮, 切丁, 放碗内蒸熟。②油锅烧热, 放入猪肉末炒熟, 用水淀粉勾芡, 加入盐拌匀, 然后带汤淋在南瓜上, 放葱花点缀即可。

百变花样做美味: 上述食材还可以做成南瓜肉丸汤, 丸子弹力十足, 可以让宝宝更有食欲。

腐竹猪肝粥

原料： 大米 30 克，腐竹 50 克，猪肝 20 克，盐适量。

做法： ①腐竹泡发洗净，切段；大米洗净，浸泡 30 分钟；猪肝洗净，稍烫后切薄片，用盐腌制调味。②将腐竹段、大米放入锅中，加水熬煮成粥。③将猪肝放入锅中，转大火再煮 10 分钟即可。

百变花样做美味： 小一些的宝宝可以吃猪肝泥，拌上点菠菜末，补铁又补血。

鸭血豆腐汤

原料： 鸭血 50 克，豆腐 50 克。

做法： ①鸭血、豆腐分别洗净，切成块。②锅内放适量的水，下鸭血块、豆腐块煮熟即可。

百变花样做美味： 鸭血豆腐汤中豆腐可以换成菠菜，菠菜和鸭血搭配，能缓解便秘，改善缺铁性贫血。

牛肉炒菠菜

原料： 牛里脊肉 50 克，菠菜 200 克，淀粉、葱末、姜末、盐各适量。

做法： ①牛里脊肉洗净切成薄片，用淀粉、姜末腌制；菠菜洗净，焯烫沥干，切成段。②锅置火上，放油烧热，放姜末、葱末煸炒，再把腌好的牛肉片放入，用大火快炒后取出。③将余油烧热后，放入菠菜段、牛肉片，用大火快炒几下，放盐调味即可。

百变花样做美味： 不能嚼烂牛肉的宝宝可以喝牛肉菠菜汤。

 哪种宝宝需要补铁

6~24 月龄的宝宝容易缺铁，宝宝一旦确诊患上缺铁性贫血，就要在医生指导下补充铁剂。早产儿和低出生体重儿也是铁缺乏的高危人群，需要在医生的指导下补充铁剂。

补脑

宝宝出生以后，脑细胞的体积不断增大，功能也日趋成熟。如果能在这个时期供给宝宝足够的营养素，将对宝宝的大脑发育和智力发展起到重要的作用。因此，爸爸妈妈应尽量为宝宝选择一些益智健脑的食品，比如，海鱼、虾、鸡蛋、核桃、松仁、豆制品等。

长期饱食　过度节食
影响宝宝智力
发育的因素
长期素食

番茄肉末豆腐

原料： 豆腐 100 克，猪瘦肉末 20 克，番茄 1 个，葱末、盐、水淀粉各适量。

做法： ①豆腐切丁；番茄洗净，去皮，切丁。②油锅烧热，放葱末爆香，放猪瘦肉末翻炒，再放入番茄丁和豆腐丁炖煮，最后加盐调味，用水淀粉勾芡即可。

百变花样做美味： 豆腐和猪肉切碎，加少许调味料，可以做成猪肉豆腐丸子。

松仁海带

原料： 松仁 20 克，海带 50 克，盐、排骨汤各适量。

做法： ①松仁洗净；海带洗净，切成细丝。②锅内放入排骨汤、松仁、海带丝，用小火煨熟烂，最后加盐调味即可。

百变花样做美味： 还可以将松仁、核桃、大米熬煮成粥，同样利于补脑。

豆腐含有丰富的蛋白质，其中谷氨酸含量丰富，宝宝常吃有益于大脑发育。

柠香煎鳕鱼

原料: 鳕鱼块 200 克, 柠檬 1 个, 蛋清、盐、水淀粉各适量。

做法: ①将鳕鱼块加盐腌制, 挤入柠檬汁, 再将鳕鱼块裹上蛋清和水淀粉。②油锅烧热, 放鳕鱼块煎至金黄即可。

百变花样做美味: 鳕鱼可以直接上锅蒸熟食用, 以蒸鱼豉油调味。

肉末蒸蛋

原料: 鸡蛋 2 个, 三成肥、七成瘦的猪肉 50 克, 水淀粉、酱油、盐各适量。

做法: ①将鸡蛋搅散, 放入盐和适量清水搅匀, 上笼蒸熟。②猪肉洗净, 剁成末儿。③锅放火上, 放入油烧热, 放入肉末, 炒至松散出油时, 加入酱油及水, 用水淀粉勾芡后, 浇在蒸好的鸡蛋上即可。

百变花样做美味: 可以不放肉末, 简单的蒸蛋也可以补脑益智。

香椿苗拌核桃

原料: 香椿苗 200 克, 核桃仁 50 克, 盐、醋、香油各适量。

做法: ①香椿苗去根, 洗净, 用淡盐水浸一下; 核桃仁用淡盐水浸一下, 去内皮。②从盐水中取出香椿苗和核桃仁, 加盐、醋、香油拌匀即可。

百变花样做美味: 如果正好有新核桃上市, 可以用新核桃仁来做, 口感更脆嫩。

 对大脑好的营养素

DHA: 维持神经系统细胞生长的一种主要元素。

卵磷脂: 生命的基础物质, 可以促进大脑神经系统与脑容积的增长、发育。

碳水化合物: 宝宝维持生命活动所需能量的主要来源, 维持大脑正常功能的必需营养素。

硒: 可以提高红细胞的携氧能力, 供给大脑更多的氧, 有利于大脑的发育。

补碘

碘是合成甲状腺素的重要原料，不仅在调节机体新陈代谢过程中不可或缺，而且对机体的生长发育也非常重要。婴儿期的宝宝缺碘，会引起呆小症，表现为智力低下，听力、语言和运动障碍，身材矮小，上半身比例大，皮肤粗糙干燥等。幼儿期缺碘，则会引发甲状腺肿。宝宝1岁后，饮食上应适当食用一些富含碘的天然食物，比如，海带、紫菜、海鱼等。

补碘的必要性

促进生长发育 · 辅助大脑发育 · 维护中枢神经

山药虾仁

原料： 山药 200 克，虾仁 100 克，胡萝卜 50 克，盐、淀粉、醋各适量。

做法： ①山药、胡萝卜分别去皮，洗净，切片，放入沸水中焯烫；虾仁洗净，去虾线，用盐、淀粉腌制片刻。②油锅烧热，下虾仁炒至变色，捞出备用，放入山药片、胡萝卜片同炒至熟，加醋、盐翻炒均匀，再放入虾仁翻炒均匀即可。

百变花样做美味： 山药、胡萝卜与虾仁同炒，清淡不油腻，是宝宝百吃不厌的一道菜肴。

紫菜虾皮豆腐

原料： 紫菜 10 克，豆腐 150 克，虾皮、盐、香油各适量。

做法： ①豆腐洗净，切小块。②油锅烧热，放入虾皮炒香，倒入适量水烧开。③放豆腐块、紫菜煮2分钟，最后加入盐和香油调味即可。

百变花样做美味： 紫菜蛋花汤也是一道营养丰富的汤品，紫菜和鸡蛋搭配能为宝宝补充维生素 B_{12} 和钙。

凉拌海带豆腐丝

原料: 海带丝 100 克,豆腐丝 50 克,盐、香油、葱末、蒜蓉各适量。

做法: ①海带丝洗净,切段,放沸水中焯烫;豆腐丝洗净,切段。②将海带丝、豆腐丝摆盘,加入葱末、蒜蓉拌匀,再加盐调味,最后淋上香油即可。

百变花样做美味: 海带煮熟切细碎,放入碗中,打入 1 个鸡蛋,加少许盐调味,入油锅中煎成蛋饼,就成了很好的下饭菜。

荠菜鱼片

原料: 荠菜 50 克,黄鱼肉 100 克,盐、姜片、水淀粉各适量。

做法: ①荠菜洗净,切碎;黄鱼肉切片,用姜片、盐腌 10 分钟。②油锅烧热,放入黄鱼肉片,断生时取出。③ 锅内留底油,加入荠菜碎略炒,加水、盐,烧开后投入黄鱼肉片,熟后加水淀粉勾芡即可。

百变花样做美味: 荠菜入沸水中焯烫后,剁碎,加虾皮、鸡蛋做成馅,玉米面烫熟,包入荠菜馅,可煎成金黄的小饼。

香酥带鱼

原料: 带鱼 100 克,盐、姜片、淀粉各适量。

做法: ①带鱼收拾好,擦干水,用盐、姜片腌制,腌好的带鱼裹上淀粉。②锅内放少许油烧热,下带鱼段煎至两面金黄,取出放在厨房用纸上,吸走表面上的油即可。

百变花样做美味: 白糖、醋、淀粉、盐、香油调匀倒入锅中做成糖醋汁,浇在炸好的带鱼上,就成了开胃好吃的糖醋带鱼。

胃口更好

宝宝食欲不好的原因主要有精神紧张、劳累、胃动力减弱(胃内食物难以排空)等。可从以下几个方面解决宝宝食欲不佳的问题:三餐定时、定量,忌暴饮暴食;饮食上种类多样化,避免单调重复,做到干稀搭配、粗细搭配,多吃番茄、胡萝卜等。另外,餐前禁吃各类甜食。

增进宝宝
食欲的食材

胡萝卜　番茄　红枣　山楂

淋点香油,
味道更美。

玉米番茄羹

原料: 番茄1个,新鲜玉米粒20克,糙米粉30克,虾仁50克,香菜叶适量。

做法: ①番茄洗净,去皮,切丁;虾仁处理干净;玉米粒剁碎,放入水中煮熟透,加番茄丁、虾仁再煮。②糙米粉加水调成糊,入锅煮开后转小火煮至黏稠,点缀香菜叶即可。

百变花样做美味: 可以加入肉丝做成番茄玉米肉丝羹。

糖醋胡萝卜丝

原料: 胡萝卜1根,白糖、醋、盐、薄荷叶各适量。

做法: ①胡萝卜洗净,切成细丝。②油锅烧热,将胡萝卜丝下锅翻炒至熟,出锅时加入白糖、盐、醋调味,点缀薄荷叶即可。

百变花样做美味: 糖醋西葫芦、糖醋排骨等酸甜口味的食物宝宝都喜欢。

长得更高

大多数父母对宝宝的身高十分在意，宝宝长高除了受遗传因素影响外，还需要从每天的饮食营养中得到长身体所需的营养物质。多吃富含优质蛋白质、B族维生素、维生素D、钙、磷等营养素的食物，并注意饮食均衡，可使宝宝的骨骼更有韧性、更强壮，使宝宝长得更高。

均衡营养

睡眠充足

宝宝长高
这么做

适当运动

棒骨海带汤

原料： 海带50克，猪棒骨1根，葱段、姜片、醋、盐各适量。

做法： ①海带洗净，切成丝；猪棒骨洗净，用开水余烫一下，再放入热水锅中，和葱段、姜片一起烹煮。②猪棒骨煮到六成熟时放海带丝下锅，并加入适量的醋；猪棒骨煮至熟透，最后放盐调味即可。

百变花样做美味： 棒骨还可以和黄豆、莲藕等一起炖汤。

洋葱炒牛肉

原料： 牛肉150克，洋葱半个，鸡蛋（取蛋清）1个，盐、酱油、水淀粉各适量。

做法： ①洋葱去皮，洗净，切丝；牛肉洗净，切丝，牛肉丝中加入蛋清、盐、酱油、水淀粉搅拌。②油锅烧热，放入牛肉丝、洋葱丝煸炒，调入盐炒匀即可。

百变花样做美味： 牛肉还可以搭配土豆炖汤，可补脾胃。

眼睛更亮

为了让宝宝获得好视力，除了平时注意保护眼睛外，可给宝宝吃些有益于眼睛健康的食物。有助于明目的食物有：富含维生素 A 的食物，富含胡萝卜素的食物，富含核黄素的食物，比如，胡萝卜、菠菜、鸡肝、鸡蛋、海鱼等。另外，应忌食辛辣刺激性食物以及肥甘厚味类食物。

富含维生素 A 的食物　勤洗手防感染

保护视力
这么做

注意用眼卫生

鸡蛋胡萝卜饼

原料： 胡萝卜半个，鸡蛋 2 个，牛奶 10 克，全麦面粉、盐各适量。

做法： ①胡萝卜洗净，切丝；鸡蛋打匀，加入牛奶、全麦面粉、胡萝卜丝、盐调成面糊。②平底锅放油，五成热后将面糊倒入，摊平煎熟即可。

百变花样做美味： 还可以加入土豆，口感更好。

鳗鱼饭

原料： 鳗鱼 150 克，笋片 50 克，青菜 80 克，米饭 100 克，盐、姜片、酱油、高汤、葱花各适量。

做法： ①鳗鱼洗净，切块，放盐、姜片腌制 30 分钟，放烤箱中烤熟。②将洗好的笋片、青菜放油锅中略炒，放鳗鱼，加酱油、高汤翻炒，收汁，摆米饭上，点缀葱花即可。

百变花样做美味： 可将鳗鱼与葱段做成葱烧鳗鱼。

睡得更香

宝宝夜里总是啼哭，称为夜啼。生理性夜啼主要表现为哭闹间歇，精神状态正常，食欲良好，无发热；病理性夜啼多是由疾病引起，哭声剧烈、尖锐或嘶哑，呈惊恐状，抱起或喂奶无济于事。病理性夜啼应寻找原因对症处理。生理性夜啼可在晚餐时给宝宝吃些红枣、百合、小麦等食物，有助于睡眠，可一定程度缓解夜啼。

促进宝宝睡眠的方法

培养睡眠习惯　营造睡眠气氛　缩短午睡时间

小麦红枣粥

原料： 小麦 20 克，糯米 50 克，红枣 3 颗。

做法： ①小麦、糯米、红枣分别洗净。②将所有原料放入锅内，加水大火烧开后，转小火熬成粥即可。

百变花样做美味： 用大米代替小麦，口感更为软糯，同样能养血安神。

芹菜炒百合

原料： 百合 20 克，芹菜 150 克，水淀粉、葱段、姜片、盐各适量。

做法： ①百合泡发，洗净，掰小块；芹菜洗净，切段，焯烫。②油锅烧热，放葱段、姜片炒香后取出，加入百合、芹菜段继续翻炒，加盐调味，起锅前用水淀粉勾薄芡即可。

百变花样做美味： 也可以加入胡萝卜片、木耳一起炒。

皮肤更白

宝宝的皮肤吹弹可破，每个人都忍不住想要亲两口。想让宝宝拥有白白嫩嫩的皮肤，妈妈在孕期要多吃水果，添加辅食后也要给宝宝吃一些富含维生素C的水果和蔬菜，减少黑色素的形成。

有助皮肤
白皙的食物

猕猴桃　番茄
牛奶　苹果

猕猴桃汁

原料： 猕猴桃 1 个。

做法： ①猕猴桃洗干净，去掉外皮，切成小块。 ②将猕猴桃块放入榨汁机，加入适量的温开水后榨汁，过滤出汁液即可。

百变花样做美味： 猕猴桃还可以加苹果和香蕉一起打成汁，不仅能润泽皮肤还能达到防病抗病的功效。

杏鲍菇炒西蓝花

原料： 杏鲍菇 50 克，西蓝花 120 克，牛奶 250 毫升，淀粉、盐、高汤各适量。

做法： ①西蓝花、杏鲍菇洗净，西蓝花掰小朵，杏鲍菇切片。②油锅烧热，倒入切好的菜翻炒，加盐、高汤调味，盛盘。③煮牛奶，加一些高汤、淀粉，熬成浓汁浇在菜上即可。

百变花样做美味： 西蓝花还可以直接焯熟后凉拌。

头发更黑、更密

头发的生长需要大量的营养物质。各种营养素供应全面才能保持头发的活力和健康。头发的营养由头皮毛细血管供应，其所需最多的营养素是蛋白质。想要宝宝拥有一头浓密、乌黑的头发，就要给宝宝多吃一些富含蛋白质的食物，比如，鱼、虾、奶、蛋、黑芝麻、花生等。

营养全面均衡　休息不足　保持头发清洁

促进头发生长的方法

给宝宝吃虾一定要去除虾头。

清蒸大虾

原料： 鲜虾 6 只，葱花、姜、醋、酱油、香油各适量。

做法： ①鲜虾洗净，去头、去皮、去虾线；姜洗净，一半切片，一半切末。②虾中加葱花、姜片，蒸 10 分钟左右，去姜片。③醋、酱油、姜末和香油兑成汁，蘸食即可。

百变花样做美味： 鲜虾取虾仁，加胡萝卜丁、豌豆、玉米粒同炒，营养更全面。

芦笋蛤蜊饭

原料： 芦笋 6 根，蛤蜊 150 克，大米 50 克，海苔丝、姜丝、醋、盐、香油各适量。

做法： ①芦笋洗净，切段；蛤蜊煮熟，去壳；大米洗净。②大米放电饭煲中，加水、姜丝、醋、盐，铺上芦笋煮熟。③米饭盛出，放蛤蜊肉、海苔丝、香油拌匀即可。

百变花样做美味： 蛤蜊肉与鸡蛋同炒，其矿物质含量更丰富。

抵抗力更强

让宝宝增强抵抗力，一是保证充足睡眠，二是参加一些体育锻炼。户外活动不仅可以促进身体合成维生素 D，从而促进钙的吸收，且对肌肉、骨骼、呼吸、循环系统的发育有良好的作用。经常运动可增强食欲，使宝宝摄入足够的营养素，抵抗力也会明显增强。可以给宝宝多吃一些香菇、银耳、胡萝卜、菠菜、鸡肉等有助于增强宝宝抵抗力的食物。

增强抵抗力的方法

多喝水　锻炼身体　多吃蔬果　充足睡眠

鸡蓉豆腐羹

原料： 鸡胸肉 50 克，豆腐 30 克，玉米粒 20 克，鸡汤适量。

做法： ①将鸡胸肉洗净，剁碎；玉米粒洗净，加适量水，用搅拌机打成糊；鸡肉碎、玉米糊与鸡汤一同入锅煮沸。②豆腐洗净，捣碎后加入锅中煮熟即可。

百变花样做美味： 还可以将豆腐换成鸡蛋，出锅时打入蛋液使其凝固成蛋花，就是香甜的鸡蓉玉米汤。

银耳花生汤

原料： 银耳 2 朵，花生仁 20 克，红枣 4 颗。

做法： ①将银耳用温水泡开后，洗干净；红枣去核，洗净。②锅中加水，煮开，放花生仁、红枣同煮，待花生仁煮烂时，放银耳同煮 5 分钟即可。

百变花样做美味： 银耳、花生、红枣可以和大米一起打成米糊，小宝宝也适合吃这道有营养的美食。

鸭肉冬瓜汤

原料： 鸭肉 200 克，冬瓜 300 克，姜 1 小块，盐适量。

做法： ①姜洗净，切厚片；冬瓜洗净，去子，去皮，切小块；鸭肉放冷水锅中，大火煮约 10 分钟，捞出，冲去浮沫。②把鸭肉放入汤锅内，倒入水，大火煮开；水开后放入姜片，略为搅拌后转小火煲 1.5 小时，关火前 10 分钟倒入冬瓜块，煮软并加入少许盐调味即可。

百变花样做美味： 鸭肉还可以与山药一起炖汤，鸭肉和山药都是温补的食材，能健体养颜，增强宝宝的体质。

鲜蘑炒豌豆

原料： 口蘑 10 朵，豌豆 100 克，盐、水淀粉各适量。

做法： ①口蘑洗净，切成小丁；豌豆洗净。②油锅烧热，放入口蘑丁和豌豆翻炒，加适量水煮熟，用水淀粉勾芡，最后加盐调味即可。

百变花样做美味： 口蘑去蒂，加少量盐和黑胡椒调味，入烤箱烤制，既能保持口蘑的原汁原味，又能补充对身体有益的硒元素。

豌豆中含有丰富的赖氨酸，能提高人体对钙的吸收能力，让骨骼更强壮。

补充能量

宝宝生性活泼好动，所以一定要保证充足的营养和能量的供给，以让宝宝保持充沛的体力和精力。同时应注意，一日三餐要合理搭配，早上要保证能量的供给，以补充营养的消耗；中午要保证碳水化合物的供给，以增加热量；晚上的饮食应重质不重量。

巧克力　饼干
补充能量
不宜吃
碳酸饮料　奶油蛋糕

什锦炒饭

原料： 软米饭 100 克，黄瓜、虾仁、胡萝卜、豌豆各适量。

做法： ①胡萝卜、黄瓜洗净，切成丁；虾仁、豌豆洗净，虾仁剁碎。②锅中倒油，将虾仁碎、豌豆、胡萝卜丁、黄瓜丁炒熟。③加少量水，倒入米饭，翻炒即可。

百变花样做美味： 可以将米饭换成面条，做什锦炒面。

肉末炒面

原料： 面条 50 克，肉末 30 克，玉米粒 20 克，盐适量。

做法： ①玉米粒与面条一起放到沸水里煮熟后，捞出凉凉。②起油锅放入肉末以及玉米粒，翻炒片刻，盛出。③锅中的余油继续烧热，放入面条炒匀，加入玉米粒、肉末翻炒均匀，加盐调味即可。

百变花样做美味： 可以加入宝宝想吃的各种蔬菜。